Peter Gerigk, Detlef Bruhn, Detlef Komoll

Kraftfahrzeugtechnik Formelsammlung

Inhaltsverzeichnis

1. Auflage	Druck	7	6	5	4
Herstellungsjahr		2002	2001	2000	1999

Alle Drucke dieser Auflage können im Unterricht parallel verwendet werden.

© Westermann Schulbuchverlag GmbH, Braunschweig 1992

http://www.westermann.de

Verlagslektorat: Dr. Jürgen Ehnert
Verlagsherstellung: Herbert Heinemann
Herstellung: westermann druck GmbH, Braunschweig

ISBN 3-14-**22 1525-5**

GRUNDWISSEN Prozentrechnen

Prozentwert

$$P = \frac{G \cdot p}{100\,\%}$$

P	Prozentwert
G	Grundwert
p	Prozentsatz in %

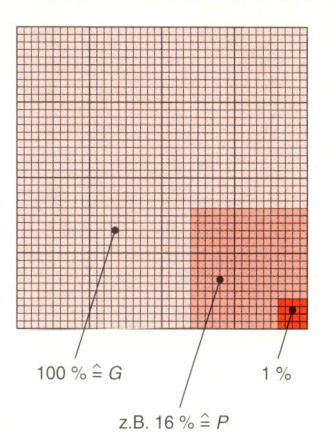

$100\,\% \mathrel{\widehat{=}} G$ $1\,\%$

z.B. $16\,\% \mathrel{\widehat{=}} P$

GRUNDWISSEN Mischungsrechnen

Mischungsverhältnis

$$M_i = \frac{V_S}{V_{Kr}} = \frac{A_S}{A_{Kr}}$$

M_i	Mischungsverhältnis
V_S	Schmierölvolumen in dm³, l
V_{Kr}	Kraftstoffvolumen in dm³, l
A_S	Schmierölanteile
A_{Kr}	Kraftstoffanteile

Schmierölvolumen

$$V_S = \frac{V_{Kr}}{A_{Kr}}$$

V_S	Schmierölvolumen in dm³, l
V_{Kr}	Kraftstoffvolumen in dm³, l
A_{Kr}	Kraftstoffanteile

$$V_S = \frac{V_G}{A_{Kr} + 1}$$

V_G Gemischvolumen in dm³, l

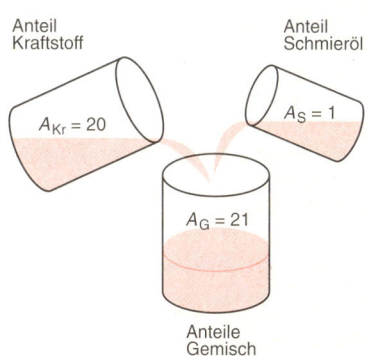

Anteil Kraftstoff

Anteil Schmieröl

$A_{Kr} = 20$ $A_S = 1$

$A_G = 21$

Anteile Gemisch

GRUNDWISSEN Lehrsatz des Pythagoras

$$c^2 = a^2 + b^2$$

c	Länge der Hypotenuse	in mm
a	Länge der Kathete	in mm
b	Länge der Kathete	in mm

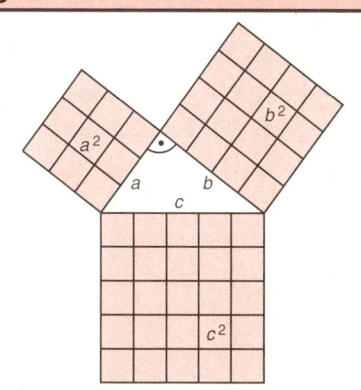

GRUNDWISSEN Schiefe Ebene

Die zu verrichtende Arbeit ist gleich der gewonnenen Arbeit

$$F_z \cdot s = G \cdot h_G$$

F_z	Kraft längs (parallel) zur schiefen Ebene	in N
s	Kraftweg	in m
G	Gewichtskraft	in N
h_G	Hubhöhe der Masse	in m

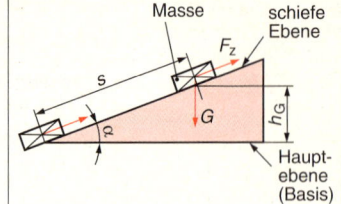

Berücksichtigung der Reibungsverluste

$$F_z \cdot s \cdot \eta = G \cdot h_G$$

$\eta =$ Wirkungsgrad

F_1 = Eintreibkraft
F_2 = Hubkraft

Keil

$$F_1 \cdot s_K \cdot \eta = F_2 \cdot h$$

F_1	Eintreibkraft	in N
s_K	Weg des Keils (Kraftweg von F_1)	in m
η	Wirkungsgrad	
F_2	Hubkraft	in N
h	Hubweg	in m

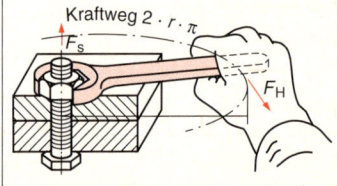

Schraube

$$F_H \cdot 2 \cdot r \cdot \pi \cdot \eta = F_S \cdot P$$

F_H	Handkraft	in N
r	Hebelarmlänge	in m
η	Wirkungsgrad	
F_S	Schraubenkraft	in N
P	Gewindesteigung	in m

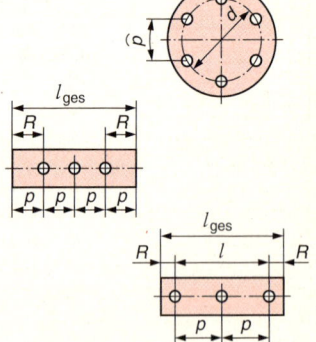

Kraftweg $2 \cdot r \cdot \pi$

GRUNDWISSEN Länge

Teilung von Längen

Teilung

$$p = \frac{d \cdot \pi}{n}$$

Randabstand $R =$ Teilung p

$$p = \frac{l_{ges}}{n+1} \qquad n = \frac{l_{ges}}{p} - 1$$

Randabstand $R \neq$ Teilung p

$$p = \frac{l}{n-1} \qquad n = \frac{l}{p} + 1$$

p	Teilung	in mm
d	Teilkreisdurchmesser	in mm
n	Anzahl der Teilungspunkte	
l_{ges}	Werkstücklänge	in mm
l	Länge, auf der alle Teilungspunkte liegen	in mm

Kreisumfang

$$U = d \cdot \pi$$

U	Kreisumfang	in mm
d	Kreisdurchmesser	in mm

Kreisbogen

$$l_B = \frac{d \cdot \pi \cdot \alpha}{360°}$$

l_B	Kreisbogen	in mm
d	Durchmesser	in mm
α	Mittelpunktswinkel	in °

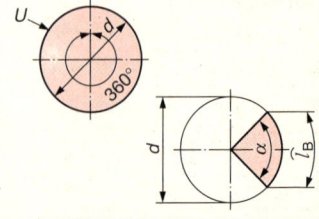

Mittlerer Durchmesser für die Berechnung der gestreckten Länge

$$d_m = d_1 + s$$

$$d_m = d_2 - s$$

$$d_m = \frac{d_1 + d_2}{2}$$

d_m	mittlerer Durchmesser	in mm
d_1	innerer Biegedurchmesser	in mm
s	Werkstückdicke	in mm
d_2	äußerer Biegedurchmesser	in mm

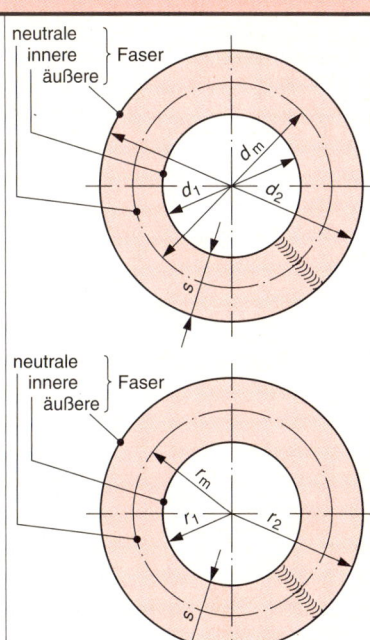

neutrale innere / äußere } Faser

Mittlerer Radius für die Berechnung der gestreckten Länge

$$r_m = r_1 + \frac{s}{2}$$

$$r_m = r_2 - \frac{s}{2}$$

$$r_m = \frac{r_1 + r_2}{2}$$

r_m	mittlerer Radius	in mm
r_1	innerer Biegeradius	in mm
s	Werkstückdicke	in mm
r_2	äußerer Biegeradius	in mm

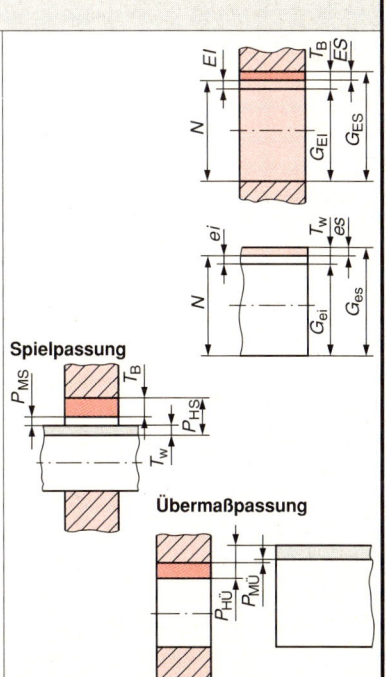

neutrale innere / äußere } Faser

Toleranzen und Passungen

Höchst- und Mindestmaß

$$G_{ES} = N + ES$$

$$G_{EI} = N + EI$$

$$G_{es} = N + es$$

$$G_{ei} = N + ei$$

Bohrung

G_{ES}	Höchstmaß	in mm
G_{EI}	Mindestmaß	in mm
N	Nennmaß	in mm
ES	oberes Abmaß	in mm
EI	unteres Abmaß	in mm

Welle

G_{es}	Höchstmaß	in mm
G_{ei}	Mindestmaß	in mm
es	oberes Abmaß	in mm
ei	unteres Abmaß	in mm

Maßtoleranz

$$T_B = G_{ES} - G_{EI}$$

$$T_B = ES - EI$$

$$T_W = G_{es} - G_{ei}$$

$$T_W = es - ei$$

T_B	Maßtoleranz der Bohrung	in mm
T_W	Maßtoleranz der Welle	in mm

Höchst- und Mindestspiel

$$P_{HS} = G_{ES} - G_{ei}$$

$$P_{MS} = G_{EI} - G_{es}$$

P_{HS}	Höchstspiel	in mm
P_{MS}	Mindestspiel	in mm

Spielpassung

Höchst- und Mindestübermaß

$$P_{HÜ} = G_{EI} - G_{es}$$

$$P_{MÜ} = G_{ES} - G_{ei}$$

$P_{HÜ}$	Höchstübermaß	in mm
$P_{MÜ}$	Mindestübermaß	in mm

Übermaßpassung

GRUNDWISSEN Länge

Höchst- und Mindestpassung

$$P_o = G_{ol} - G_{uA}$$

$$P_u = G_{ul} - G_{oA}$$

P_o	Höchstpassung	in mm
G_{ol}	Höchstmaß der Innenpaßfläche	in mm
G_{uA}	Mindestmaß der Außenpaßfläche	in mm
P_u	Mindestpassung	in mm
G_{ul}	Mindestmaß der Innenpaßfläche	in mm
G_{oA}	Höchstmaß der Außenpaßfläche	in mm

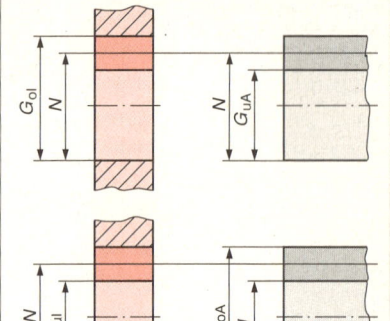

Bohrung   Welle

GRUNDWISSEN Fläche

Quadrat

$$A = l \cdot l \qquad A = l^2$$

$$U = 4 \cdot l$$

$$e = 1,4142 \cdot l$$

A	Fläche	in mm^2
l	Seitenlänge	in mm
U	Umfang	in mm
e	Eckenmaß	in mm

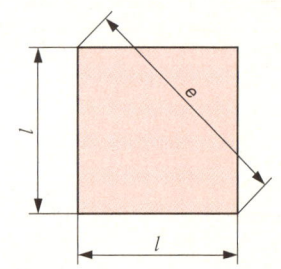

Rhombus

$$A = l \cdot b$$

$$U = 4 \cdot l$$

A	Fläche	in mm^2
l	Länge	in mm
b	Breite	in mm
U	Umfang	in mm

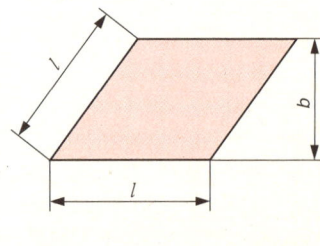

Rechteck

$$A = l \cdot b$$

$$U = 2 \cdot (l + b)$$

$$e = \sqrt{l^2 + b^2}$$

A	Fläche	in mm^2
l	Länge	in mm
b	Breite	in mm
U	Umfang	in mm
e	Eckenmaß	in mm

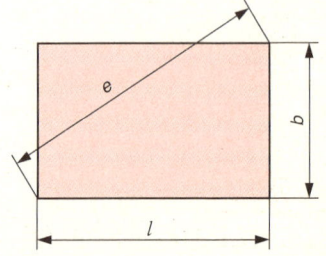

Parallelogramm

$$A = l_1 \cdot b$$

$$U = 2 \cdot (l_1 + l_2)$$

A	Fläche	in mm²
l_1	große Seitenlänge	in mm
b	Breite	in mm
U	Umfang	in mm
l_2	kleine Seitenlänge	in mm

Spitzwinkliges Dreieck

$$A = \frac{l \cdot h}{2}$$

A	Fläche	in mm²
l	Länge	in mm
h	Höhe	in mm

Stumpfwinkliges Dreieck

$$A = \frac{l \cdot h}{2}$$

A	Fläche	in mm²
l	Länge	in mm
h	Höhe	in mm

Trapez

$$A = \frac{l_1 + l_2}{2} \cdot b$$

$$A = l_m \cdot b$$

A	Fläche	in mm²
l_1	große Seitenlänge	in mm
l_2	kleine Seitenlänge	in mm
b	Breite	in mm
l_m	mittlere Seitenlänge	in mm

Regelmäßiges Vieleck

$$A = A_T \cdot n \qquad A = \frac{l \cdot SW \cdot n}{4}$$

$$SW_{Sechseck} = e \cdot 0{,}866$$

$$U = n \cdot l$$

A	Fläche	in mm²
A_T	Teilfläche	in mm²
l	Seitenlänge	in mm
SW	Schlüsselweite	in mm
n	Eckenzahl	
e	Eckenmaß	in mm
U	Umfang	in mm

Kreis

$$A = \frac{d^2 \cdot \pi}{4}$$

$$U = d \cdot \pi$$

A	Kreisfläche	in mm²
d	Durchmesser	in mm
U	Umfang	in mm

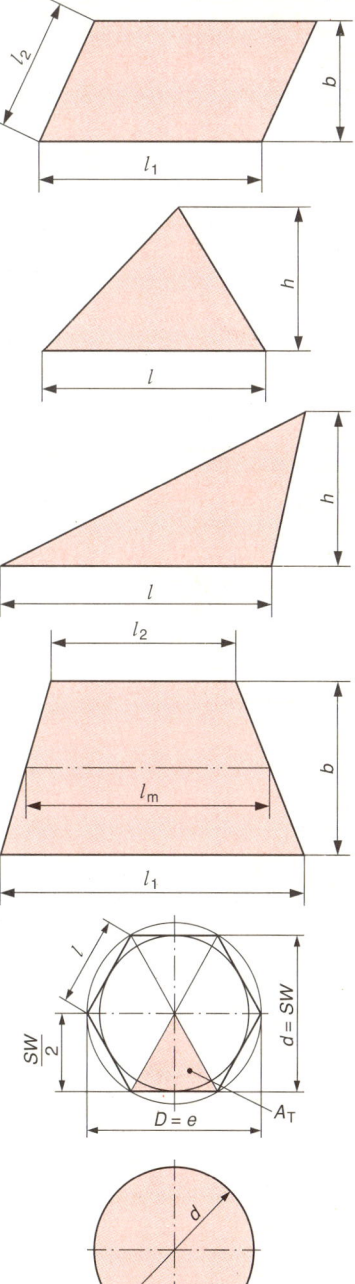

Kreisausschnitt

$$A = \frac{d^2 \cdot \pi \cdot \alpha}{4 \cdot 360°}$$

$$l_B = \frac{d \cdot \pi \cdot \alpha}{360°}$$

$$A = \frac{l_B \cdot d}{4}$$

A	Fläche	in mm²
d	Durchmesser	in mm
α	Mittelpunktswinkel	in °
l_B	Kreisbogenlänge	in mm

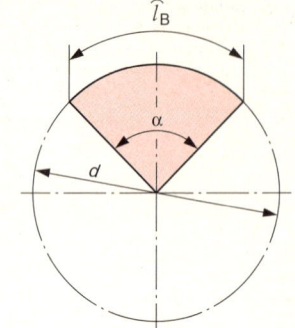

Kreisabschnitt

$$A = \frac{d^2 \cdot \pi \cdot \alpha}{4 \cdot 360°} - \frac{s(r-h)}{2}$$

$$A = \frac{l_B \cdot d}{4} - \frac{s(r-h)}{2}$$

$$A \approx \frac{2}{3} \cdot s \cdot h$$

$$s = 2 \cdot \sqrt{r^2 \cdot (r-h)^2}$$

A	Fläche	in mm²
d	Durchmesser	in mm
α	Mittelpunktswinkel	in °
s	Sehnenlänge	in mm
r	Radius	in mm
h	Bogenhöhe	in mm
l_B	Kreisbogenlänge	in mm

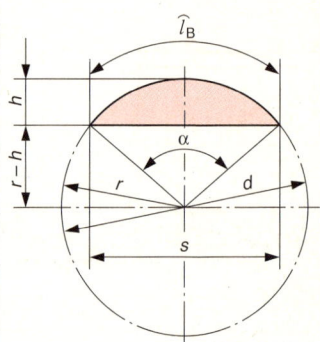

Kreisring

$$A = \frac{D^2 \cdot \pi}{4} - \frac{d^2 \cdot \pi}{4}$$

$$A = (D^2 - d^2) \cdot \frac{\pi}{4}$$

$$A = (D^2 - d^2) \cdot 0{,}785$$

$$A = d_m \cdot \pi \cdot b$$

$$d_m = \frac{d + D}{2}$$

A	Fläche	in mm²
D	Außendurchmesser	in mm
d	Innendurchmesser	in mm
d_m	mittlerer Durchmesser	in mm
b	Breite	in mm

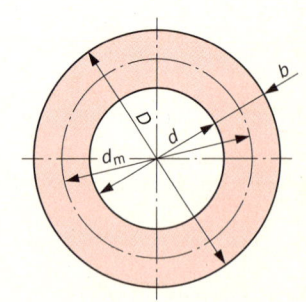

GRUNDWISSEN   Fläche

Kreisringausschnitt

$$A = \left(\frac{D^2 \cdot \pi}{4} - \frac{d^2 \cdot \pi}{4} \right) \cdot \frac{\alpha}{360°}$$

$$A = (D^2 - d^2) \cdot \frac{\pi}{4} \cdot \frac{\alpha}{360°}$$

A	Fläche	in mm²
D	Außendurchmesser	in mm
d	Innendurchmesser	in mm
α	Mittelpunktswinkel	in °

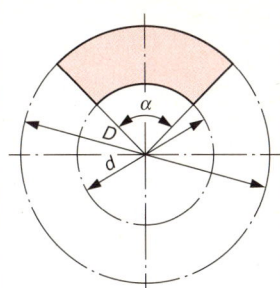

Ellipse

$$A = \frac{D \cdot d \cdot \pi}{4}$$

$$U = \pi \sqrt{\frac{D^2 + d^2}{2}}$$

$$U \approx \frac{D + d}{2} \cdot \pi$$

A	Fläche	in mm²
D	große Achse	in mm
d	kleine Achse	in mm
U	Umfang	in mm

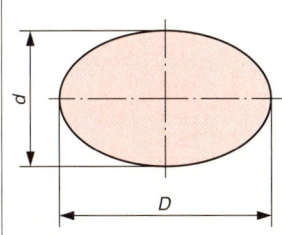

GRUNDWISSEN   Volumen

Würfel

$$V = A \cdot h$$

$$V = l^3$$

$$A_o = 6 \cdot l^2$$

V	Volumen	in mm³
A	Grundfläche	in mm²
h	Höhe $(= l)$	in mm
l	Kantenlänge $(= h)$	in mm
A_o	Oberfläche	in mm²

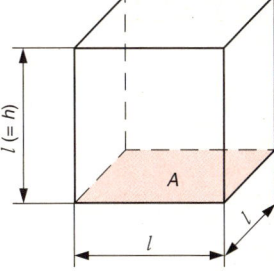

Prisma

$$V = A \cdot h$$

$$V = l \cdot b \cdot h$$

$$A_M = 2 \cdot (l \cdot h + b \cdot h)$$

$$A_o = 2 \cdot (l \cdot h + b \cdot h + l \cdot b)$$

V	Volumen	in mm³
A	Grundfläche	in mm²
h	Höhe	in mm
l	Länge	in mm
b	Breite	in mm
A_M	Mantelfläche	in mm²
A_o	Oberfläche	in mm²

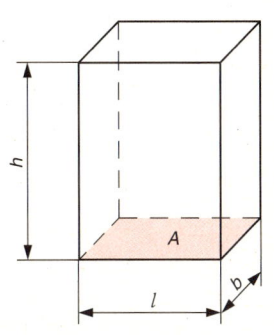

Zylinder

$$V = A \cdot h$$

$$V = \frac{d^2 \cdot \pi}{4} \cdot h$$

$$A_M = d \cdot \pi \cdot h$$

$$A_o = d \cdot \pi \cdot h + 2 \cdot \frac{d^2 \cdot \pi}{4}$$

V	Volumen	in mm³
A	Grundfläche	in mm²
h	Höhe	in mm
d	Durchmesser	in mm
A_M	Mantelfläche	in mm²
A_o	Oberfläche	in mm²

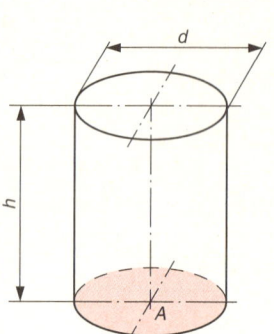

Hohlzylinder

$$V = A \cdot h$$

$$V = \left(\frac{D^2 \cdot \pi}{4} - \frac{d^2 \cdot \pi}{4} \right) \cdot h$$

$$V = (D^2 - d^2) \cdot \frac{\pi \cdot h}{4}$$

$$A_M = D \cdot \pi \cdot h$$

$$A_o = 2 \cdot \left(\frac{D^2 \cdot \pi}{4} - \frac{d^2 \cdot \pi}{4} \right) + D \cdot \pi \cdot h + d \cdot \pi \cdot h$$

V	Volumen	in mm³
A	Grundfläche	in mm²
h	Höhe	in mm
D	Außendurchmesser	in mm
d	Innendurchmesser	in mm
A_M	Mantelfläche	in mm²
A_o	Oberfläche	in mm²

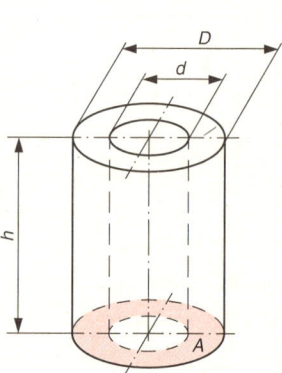

Pyramide

$$V = \frac{A \cdot h}{3}$$

$$V = \frac{l \cdot b \cdot h}{3}$$

$$A_M = h_s \cdot (l + b)$$

$$A_o = h_s \cdot (l + b) + l \cdot b$$

V	Volumen	in mm³
A	Grundfläche	in mm²
l	Länge	in mm
b	Breite	in mm
h	Pyramidenhöhe	in mm
A_M	Mantelfläche	in mm²
h_s	Seitenhöhe	in mm
A_o	Oberfläche	in mm²

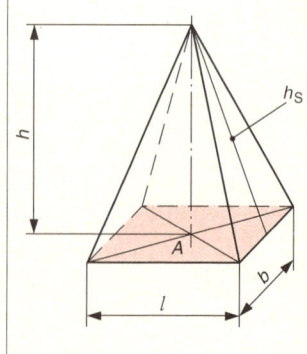

Kegel

$$V = \frac{A \cdot h}{3}$$

$$V = \frac{d^2 \cdot \pi \cdot h}{4 \cdot 3}$$

$$A_M = \frac{d \cdot \pi}{2} \cdot h_s$$

$$A_o = \frac{d \cdot \pi}{2} \cdot h_s + \frac{d^2 \cdot \pi}{4}$$

V	Volumen	in mm^3
A	Grundfläche	in mm^2
h	Kegelhöhe	in mm
d	Durchmesser	in mm
A_M	Mantelfläche	in mm^2
h_s	Seitenhöhe	in mm
A_o	Oberfläche	in mm^2

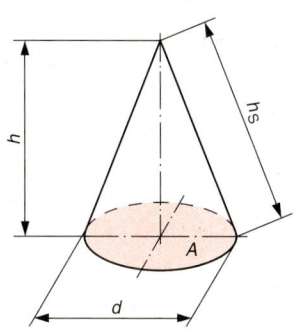

Pyramidenstumpf

$$V = \frac{h}{3} \cdot (A_1 + A_2 + \sqrt{A_1 \cdot A_2})$$

$$V \approx \frac{A_1 + A_2}{2} \cdot h$$

$$A_M = 2 \cdot h_s \cdot (l_1 + l_2)$$
wenn $l_1 = b_1$ und $l_2 = b_2$

$$A_o = 2 \cdot h_s (l_1 + l_2) + l_1^2 + l_2^2$$
wenn $l_1 = b_1$ und $l_2 = b_2$

V	Volumen	in mm^3
h	Höhe	in mm
A_1	Grundfläche	in mm^2
A_2	Deckfläche	in mm^2
A_M	Mantelfläche	in mm^2
h_s	Seitenhöhe	in mm
l_1	untere Länge	in mm
l_2	obere Länge	in mm
b_1	untere Breite	in mm
b_2	obere Breite	in mm
A_o	Oberfläche	in mm^2

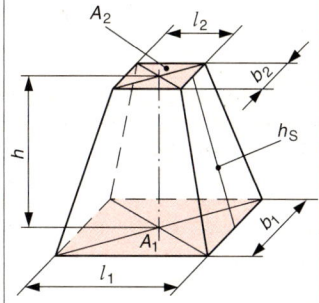

Kegelstumpf

$$V = \frac{h \cdot \pi}{12} \cdot (D^2 + d^2 + D \cdot d)$$

$$V \approx \frac{A_1 + A_2}{2} \cdot h$$

$$A_M = \frac{D + d}{2} \cdot \pi \cdot h_s$$

$$A_o = \frac{D + d}{2} \cdot \pi \cdot h_s + \frac{(D^2 + d^2) \cdot \pi}{4}$$

V	Volumen	in mm^3
h	Höhe	in mm
D	unterer Durchmesser	in mm
d	oberer Durchmesser	in mm
A_1	Grundfläche	in mm^2
A_2	Deckfläche	in mm^2
A_M	Mantelfläche	in mm^2
h_s	Seitenhöhe	in mm
A_o	Oberfläche	in mm^2

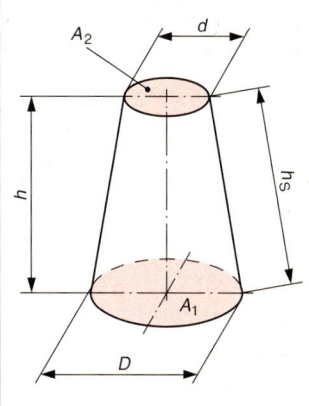

GRUNDWISSEN Volumen

Kugel

$$V = \frac{D^3 \cdot \pi}{6}$$

$$A_o = D^2 \cdot \pi$$

V	Volumen	in mm³
D	Durchmesser	in mm
A_o	Oberfläche	in mm²

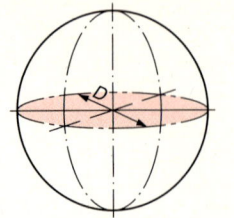

Volumen ringförmiger Körper (Guldinsche Regel)

$$V = A \cdot l_s = A \cdot d_s \cdot \pi$$

V	Volumen	in mm³
A	Querschnittsfläche	in mm²
l_s	Länge der neutralen Faser bzw. der Flächenschwerpunktslinie	in mm
d_s	Durchmesser der neutralen Faser	in mm

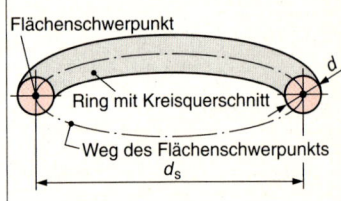

Flächenschwerpunkt
Ring mit Kreisquerschnitt
Weg des Flächenschwerpunkts
d_s

GRUNDWISSEN Masse und Dichte

Masse und Dichte

$$m = V \cdot \varrho$$

m	Masse	in g, kg, t
V	Volumen	in cm³, dm³, m³
ϱ	Dichte	in $\frac{g}{cm^3}$, $\frac{kg}{dm^3}$, $\frac{t}{m^3}$

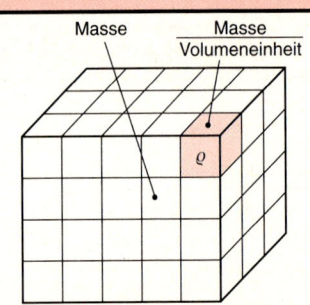

Masse
Masse / Volumeneinheit

GRUNDWISSEN Kraft

Kraft

$$F = m \cdot a$$

F	Kraft	in N
m	Masse	in kg
a	Beschleunigung, Verzögerung	in $\frac{m}{s^2}$

Gewichtskraft

$$G = m \cdot g$$

G	Gewichtskraft	in N
m	Masse	in kg
g	Fallbeschleunigung (9,81 $\frac{m}{s^2}$)	in $\frac{m}{s^2}$

Reibungskraft

$$F_R = F_N \cdot \mu$$

F_R	Reibungskraft	in N
F_N	Normalkraft	in N
μ	Reibungszahl, allgemein	

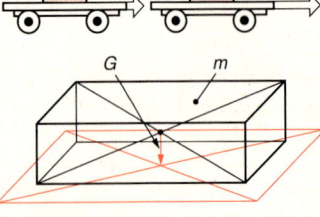

Die Masse m wird durch die Kraft F auf die Beschleunigung a beschleunigt

μ_H Haftreibungszahl
μ_G Gleitreibungszahl
μ_R Rollreibungszahl

GRUNDWISSEN   Drehmoment

Drehmoment

$$M = F \cdot l$$

M	Drehmoment	in Nm
F	Kraft	in N
l	wirksamer Hebel-arm	in m

Angriffspunkt
Wirkungslinie von F
Lot bzw. wirksamer Hebelarm
sich drehender Körper
Drehpunkt

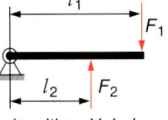

Hebel, Hebelgesetz

$$M_1 = M_2$$

$$F_1 \cdot l_1 = F_2 \cdot l_2$$

$$i = \frac{F_1}{F_2}$$

$$i = \frac{l_2}{l_1}$$

M_1	Drehmoment	in Nm
M_2	Drehmoment, das entgegengesetzt wirkt	in Nm
F_1	Kraft	in N
l_1	Hebelarm für Kraft F_1	in m
F_2	Kraft	in N
l_2	Hebelarm für Kraft F_2	in m
i	Übersetzungs-verhältnis	

einseitiger Hebel

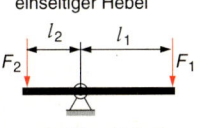

zweiseitiger Hebel

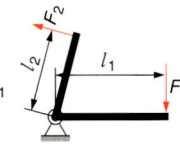

Winkelhebel

$M_1 = F_1 \cdot l_1$ rechtsdrehend
$M_2 = F_2 \cdot l_2$ linksdrehend

GRUNDWISSEN   Druck

Druck

$$p = \frac{F}{A}$$

p	Druck	in $\frac{N}{m^2}$, $\frac{daN}{cm^2}$ bar,
F	Kraft	in N, daN
A	Fläche	in m^2, cm^2

$$1 \text{ bar} = 10 \ \frac{N}{cm^2}$$

$$1 \text{ Pa} = 1 \ \frac{N}{m^2}$$

Überdruck bzw. atmosphärische Druckdifferenz

$$p_e = p_{abs} - p_{amb}$$

p_e	Überdruck	in bar
p_{abs}	absoluter Druck	in bar
p_{amb}	atmosphärischer Druck	in bar

absoluter Druck in bar p_{abs}
0   1   2   3
Vakuum   atmosphärischer Druck p_{amb}
Überdruck in bar p_e
-1   0   1   2
negativ   positiv

GRUNDWISSEN   Hydraulik und Pneumatik

Überdruck

$$p_e = \frac{F}{A}$$

p_e	Überdruck	in bar
F	Kolbenkraft	in daN
A	Kolbenfläche	in cm^2

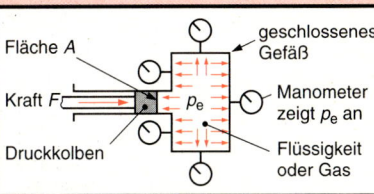

Fläche A
Kraft F
Druckkolben
geschlossenes Gefäß
Manometer zeigt p_e an
Flüssigkeit oder Gas

Kraftübersetzung, Wegübersetzung

$$\frac{F_1}{F_2} = \frac{A_1}{A_2}$$

$$\frac{A_1}{A_2} = \frac{s_2}{s_1}$$ $$\frac{F_1}{F_2} = \frac{s_2}{s_1}$$

F_1 Kolbenkraft   in N
F_2 Kolbenkraft   in N
A_1 Kolbenfläche   in mm^2
A_2 Kolbenfläche   in mm^2
s_1 Kolbenweg   in mm
s_2 Kolbenweg   in mm

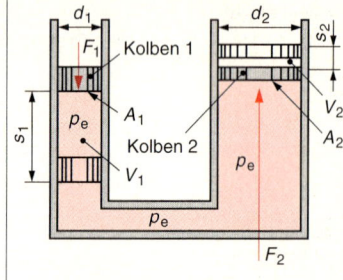

Strömungsgeschwindigkeit

$$v_1 = \frac{V}{A_1}$$

$$A_1 \cdot v_1 = A_2 \cdot v_2 = A_3 \cdot v_3$$

V durch einen Querschnitt fließendes Volumen   in $\frac{m^3}{s}$

$A_1, A_2,$ Rohrquer-
A_3 schnitt   in m^2

$v_1, v_2,$ Strömungsge-
v_3 schwindigkeit   in $\frac{m}{s}$

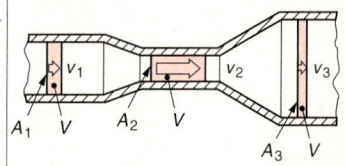

Normalspannung

$$\sigma = \frac{F}{S}$$

σ Zug- oder Druckspannung   in $\frac{N}{mm^2}$

F Zug- oder Druckkraft (Normalkraft)   in N

S beanspruchte Querschnittsfläche   in mm^2

Zugfestigkeit

$$R_m = \frac{F_m}{S}$$

R_m Zugfestigkeit   in $\frac{N}{mm^2}$

F_m höchste Zugkraft   in N

S Querschnittsfläche   in mm^2

Druckfestigkeit

$$\sigma_{dB} = \frac{F_B}{S}$$

σ_{dB} Druckfestigkeit   in mm^2

F_B höchste Druckkraft   in N

Zulässige Spannung und Beanspruchungskraft

$$\sigma_{zul} = \frac{R_m}{v}$$

$$F_{zul} = \sigma_{zul} \cdot S$$

$$F_{zul} = \frac{R_m}{v} \cdot S$$

σ_{zul} zulässige Normalspannung   in $\frac{N}{mm^2}$

R_m Zugfestigkeit   in $\frac{N}{mm^2}$

v Sicherheitszahl

F_{zul} zulässige Beanspruchungskraft   in N

S erforderliche Querschnittsfläche   in mm^2

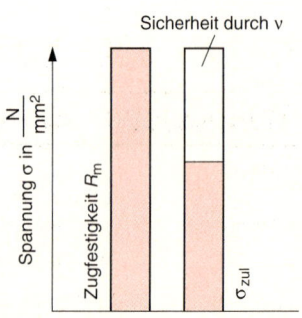

GRUNDWISSEN Gleichförmige Geschwindigkeit

Geschwindigkeit

$$v = \frac{s}{t}$$

v Geschwindigkeit in $\frac{km}{h}$, $\frac{m}{s}$

$$1\frac{m}{s} = 3{,}6\frac{km}{h}$$

s zurückgelegter in km,
Weg m

t Zeit für den zu-
rückgelegten Weg in h, s

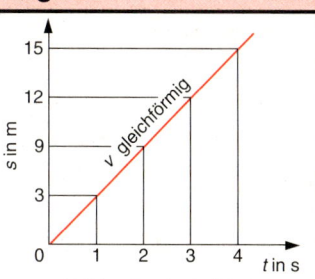

Mittlere Geschwindigkeit

$$v = \frac{v_1 \cdot t_1 + v_2 \cdot t_2 + v_3 \cdot t_3}{t_{ges}}$$

v mittlere Ge-
schwindigkeit in $\frac{km}{h}$

$v_{1,2,3}$ Teilgeschwin-
digkeiten in $\frac{km}{h}$

$t_{1,2,3}$ Teilzeiten in h

t_{ges} Gesamtzeit in h

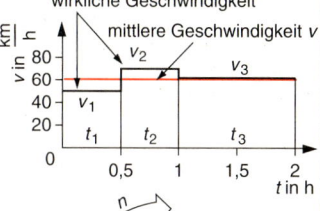

Umfangsgeschwindigkeit (Schnittgeschwindigkeit)

$$v_u = \frac{d \cdot \pi \cdot n}{1000}$$

v_u Umfangsge-
schwindigkeit in $\frac{m}{min}$

d Durchmesser in mm

n Umdrehungen
pro Minute in $\frac{1}{min}$

Umfangsgeschwindigkeit

$$v_u = \frac{d \cdot \pi \cdot n}{1000 \cdot 60}$$

v_u Umfangsge-
schwindigkeit in $\frac{m}{s}$

d Durchmesser in mm

n Umdrehungen
pro Minute in $\frac{1}{min}$

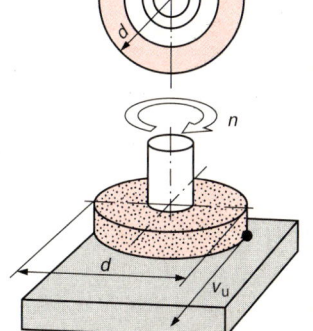

GRUNDWISSEN Beschleunigte und verzögerte Bewegung

Beschleunigung

$$a = \frac{v}{t}$$

a Beschleunigung in $\frac{m}{s^2}$

v Endgeschwin-
digkeit in $\frac{m}{s}$

t Beschleunigungs-
zeit in s

$(v = 100 \frac{km}{h})$

* Geschwindigkeitszunahme pro Sekunde

Verzögerung

$$a = \frac{v}{t}$$

a Verzögerung in $\frac{m}{s^2}$

v Anfangsgeschwin-
digkeit in $\frac{m}{s}$

t Verzögerungszeit in s

Beginn des Bremsvorgangs

* Geschwindigkeitsabnahme pro Sekunde

15

Beschleunigungsweg

$$s = \frac{v \cdot t}{2}$$

s	Beschleunigungsweg	in m
v	Endgeschwindigkeit	in $\frac{m}{s}$
t	Beschleunigungszeit	in s

Verzögerungsweg

$$s = \frac{v \cdot t}{2}$$

s	Verzögerungsweg	in m
v	Anfangsgeschwindigkeit	in $\frac{m}{s}$
t	Verzögerungszeit	in s

Beschleunigung und Verzögerung mit s und t oder v und s

$$a = \frac{2 \cdot s}{t^2}$$

$$a = \frac{v^2}{2 \cdot s}$$

a	Beschleunigung oder Verzögerung	in $\frac{m}{s^2}$
s	Weg	in m
t	Zeit	in s
v	Geschwindigkeit	in $\frac{m}{s}$

Beschleunigung mit Anfangsgeschwindigkeit

$$a = \frac{v_2 - v_1}{t}$$

a	Beschleunigung	in $\frac{m}{s^2}$
v_2	Endgeschwindigkeit	in $\frac{m}{s}$
v_1	Anfangsgeschwindigkeit	in $\frac{m}{s}$
t	Beschleunigungszeit	in s

Verzögerung mit Endgeschwindigkeit

$$a = \frac{v_2 - v_1}{t}$$

a	Verzögerung	in $\frac{m}{s^2}$
v_2	Anfangsgeschwindigkeit	in $\frac{m}{s}$
v_1	Endgeschwindigkeit	in $\frac{m}{s}$
t	Verzögerungszeit	in s

Beschleunigungs- und Bremsweg

$$s = \frac{v_1 + v_2}{2} \cdot t$$

$$s = v_1 \cdot t + \frac{a \cdot t^2}{2}$$

s	Weg	in m
v_1	Anfangsgeschwindigkeit (Beschleunigung) oder Endgeschwindigkeit (Verzögerung)	in $\frac{m}{s}$
v_2	Endgeschwindigkeit (Beschleunigung) oder Anfangsgeschwindigkeit (Verzögerung)	in $\frac{m}{s}$
a	Beschleunigung oder Verzögerung	in $\frac{m}{s^2}$
t	Beschleunigungs- oder Verzögerungszeit	in s

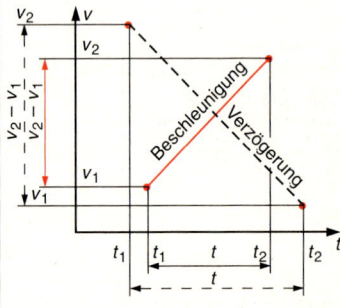

GRUNDWISSEN   Beschleunigte und verzögerte Bewegung

Beschleunigungs- und Bremsweg

$$s = v_2 \cdot t - \frac{a \cdot t^2}{2}$$

$$s = \frac{v_2^2 - v_1^2}{2 \cdot a}$$

s	Beschleunigungs- oder Bremsweg	in m
v_2	Endgeschwindigkeit (Beschleunigung) oder Anfangsgeschwindigkeit (Verzögerung)	in $\dfrac{m}{s}$
a	Beschleunigung oder Verzögerung	in $\dfrac{m}{s^2}$
t	Beschleunigungs- oder Bremszeit	in s
v_1	Anfangsgeschwindigkeit (Beschleunigung) oder Endgeschwindigkeit (Verzögerung)	in $\dfrac{m}{s}$

GRUNDWISSEN   Arbeit

Mechanische Arbeit

$$W = F \cdot s$$

W	mechanische Arbeit	in Nm
F	Kraft	in N
s	Weg	in m

Spannungsenergie

$$E = \frac{F \cdot s}{2}$$

E	Spannungsenergie	in Nm, J
F	Kraft	in N
s	Weg	in m

Energie der Lage (potentielle Energie)

$$E = m \cdot g \cdot h$$

E	Energie der Lage	in Nm, J
m	Masse	in kg
g	Fallbeschleunigung $(9{,}81 \dfrac{m}{s^2})$	in $\dfrac{m}{s^2}$
h	Höhe	in m

Bewegungsenergie (kinetische Energie)

$$E = \frac{m \cdot v^2}{2}$$

E	Bewegungsenergie	in J
m	Masse	in kg
v	Anfangsgeschwindigkeit	in $\dfrac{m}{s}$

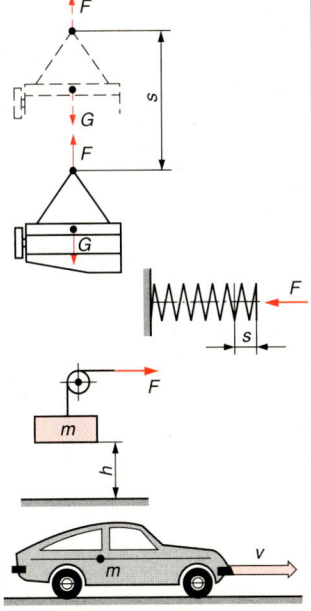

GRUNDWISSEN   Mechanische Leistung

Mechanische Leistung

$$P = \frac{W}{t}$$

$$P = F \cdot v$$

P	Leistung	in $\dfrac{J}{s}$, $\dfrac{Nm}{s}$, W
W	Arbeit	in J, Nm
t	Zeit	in s
F	Kraft	in N
v	Geschwindigkeit	in $\dfrac{m}{s}$

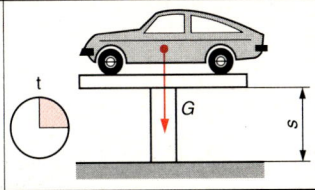

GRUNDWISSEN Wirkungsgrad

Wirkungsgrad

$$\eta = \frac{P_{exi}}{P_{ing}}$$

η	Wirkungsgrad	
P_{exi}	Ausgangs- bzw. Nutzleistung	in W, kW
P_{ing}	Eingangsleistung	in W, kW
η	Wirkungsgrad	in %

pro Zeiteinheit zugeführte Kraftstoffmenge

P_{ing}

chemische Energie

abgegebene mechanische Leistung an der Schwungscheibe

P_{exi}

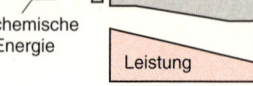

Leistung

Wirkungsgrad in %

$$\eta = \frac{P_{exi}}{P_{ing}} \cdot 100 \ \%$$

Gesamtwirkungsgrad

$$\eta_{ges} = \eta_1 \cdot \eta_2 \cdot \eta_3 \ldots \eta_n$$

η_{ges}	Gesamtwirkungsgrad
η_1 η_2 η_3 η_n	Einzelwirkungsgrade

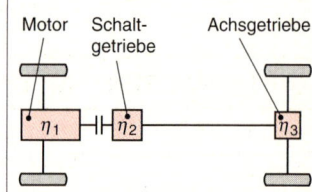

Motor Schaltgetriebe Achsgetriebe

η_1 η_2 η_3

Gesamtwirkungsgrad in %

$$\eta_{ges} = \eta_1 \cdot \eta_2 \cdot \eta_3 \ldots \eta_n \cdot 100 \ \%$$

η_{ges}	Gesamtwirkungsgrad	in %

GRUNDWISSEN Wärme

Grad-Celsius-Temperatur

$$t = T - T_o$$

t	Grad-Celsius-Temperatur	in °C
T	Kelvin-Temperatur	in K
T_o	273 K	

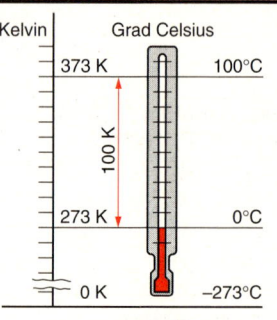

Kelvin   Grad Celsius

373 K — 100°C

100 K

273 K — 0°C

0 K   −273°C

Wärmemenge

$$Q = m \cdot c \cdot (t_2 - t_1)$$

Q	Wärmemenge	in kJ
m	Masse	in kg
c	spezifische Wärmekapazität	in $\frac{kJ}{kg \cdot K}$
t_2	Endtemperatur	in °C, K
t_1	Anfangstemperatur	in °C, K
H_u	spezifischer Heizwert	in $\frac{kJ}{kg}$

$$Q = m \cdot H_u$$

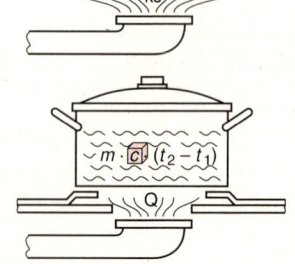

1 K

1 kg
c

kJ

$m \cdot c \cdot (t_2 - t_1)$

Q

Längenänderung durch Temperaturänderung

$$\Delta l = l_0 \cdot \alpha \cdot \Delta T$$

$$\Delta l = l_0 \cdot \alpha \, (t_2 - t_1)$$

Δl	Längenänderung	in mm
l_0	Anfangslänge	in mm
α	Längenausdehnungszahl	in $\frac{1}{K}$
ΔT	Temperaturdifferenz	in K
t_1	Anfangstemperatur	in °C, K
t_2	Endtemperatur	in °C, K
l_{ges}	Gesamtlänge	in mm

$$l_{ges} = l_0 + l_0 \cdot \alpha \cdot \Delta T$$

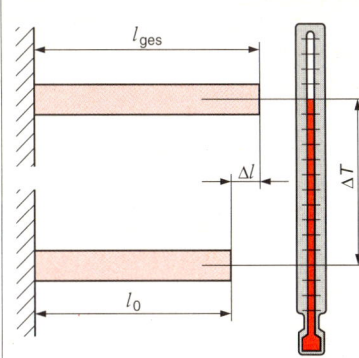

Volumenänderung durch Temperaturänderung

$$\Delta V = V_0 \cdot \gamma \cdot \Delta T$$

ΔV	Volumenänderung	in m³, dm³
V_0	Volumen vor der Temperaturänderung	in mm³, dm³
γ	Volumenausdehnungszahl	in $\frac{1}{K}$
ΔT	Temperaturdifferenz	in K

$$V_{ges} = V_0 + V_0 \cdot \gamma \cdot \Delta T$$

V_{ges}	Gesamtvolumen	in mm³, dm³

Gasgleichungen

Gesetz v. Boyle-Mariotte

$$p_{abs1} \cdot V_1 = p_{abs2} \cdot V_2$$
$$= konst.$$

p_{abs1}	Druck des Gases	in bar
V_1	Volumen des Gases	in dm³
p_{abs2}	Druck des Gases nach der Volumenänderung	in bar
V_2	Volumen des Gases nach der Druckänderung	in dm³

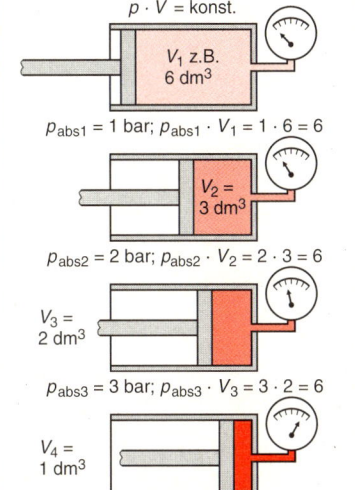

$p \cdot V$ = konst.

V_1 z.B. 6 dm³

$p_{abs1} = 1$ bar; $p_{abs1} \cdot V_1 = 1 \cdot 6 = 6$

$V_2 = 3$ dm³

$p_{abs2} = 2$ bar; $p_{abs2} \cdot V_2 = 2 \cdot 3 = 6$

$V_3 = 2$ dm³

$p_{abs3} = 3$ bar; $p_{abs3} \cdot V_3 = 3 \cdot 2 = 6$

$V_4 = 1$ dm³

$p_{abs4} = 6$ bar; $p_{abs4} \cdot V_4 = 6 \cdot 1 = 6$

Gasentnahme aus Druckbehältern

$$\Delta V = \frac{V_{Beh} \cdot (p_{eA} - p_{eE})}{p_{amb}}$$

ΔV entnommenes Gasvolumen bei Atmosphärendruck   in dm³

V_{Beh} Volumen des Druckbehälters in dm³

p_{eA} Behälterüberdruck vor Gasentnahme   in bar

p_{eE} Behälterüberdruck nach Gasentnahme   in bar

p_{amb} atmosphärischer Druck   in bar

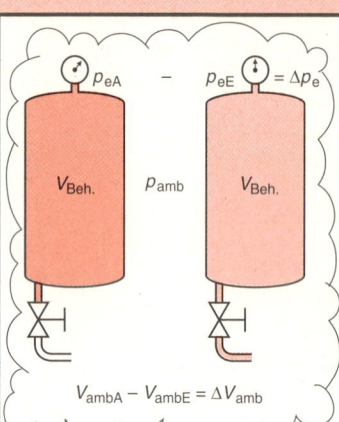

$V_{ambA} - V_{ambE} = \Delta V_{amb}$

Gasentnahme von gelösten Gasen

$$\Delta V = \frac{V_{ambFl} \cdot (p_{eA} - p_{eE})}{p_{eF}}$$

ΔV entnommenes Gasvolumen bei Atmosphärendruck   in dm³, l

V_{ambFl} Gasvolumen der vollen Gasflasche bei Atmosphärendruck   in dm³, l

p_{eA} Fülldruck vor der Gasentnahme (Überdruck)   in bar

p_{eE} Fülldruck nach der Gasentnahme (Überdruck)   in bar

p_{eF} maximaler Fülldruck (Überdruck)   in bar

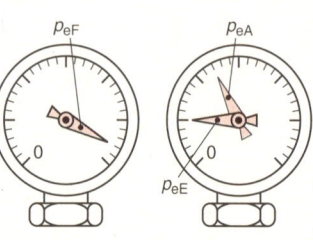

Allgemeine Gasgleichung

$$\frac{V_1 \cdot p_1}{T_1} = \frac{V_2 \cdot p_2}{T_2} = \text{konst.}$$

V_1 Gasvolumen bei dem absoluten Druck p_1 und der absoluten Temperatur T_1 in dm³, l, m³

p_1 absoluter Druck   in bar

T_1 absolute Temperatur   in K

V_2 Gasvolumen bei dem absoluten Druck p_2 und der absoluten Temperatur T_2 in dm³, l, m³

p_2 absoluter Druck   in bar

T_2 absolute Temperatur   in K

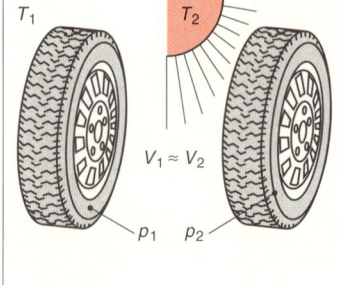

$V_1 \approx V_2$

GRUNDWISSEN   Riementrieb

Einfacher Riementrieb

$$d_1 \cdot n_1 = d_2 \cdot n_2$$

$$i = \frac{n_1}{n_2} \qquad i = \frac{d_2}{d_1}$$

d_1 Durchmesser der treibenden Scheibe   in mm

n_1 Drehzahl der treibenden Scheibe   in $\frac{1}{\min}$

d_2 Durchmesser der getriebenen Scheibe   in mm

n_2 Drehzahl der getriebenen Scheibe   in $\frac{1}{\min}$

i Übersetzungsverhältnis

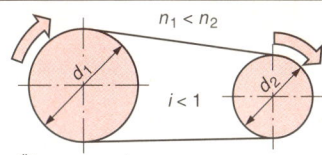

$n_1 < n_2$

$i < 1$

Übersetzung ins
● Schnelle

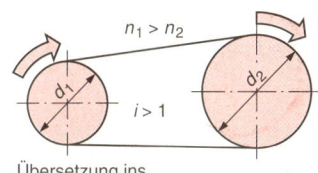

$n_1 > n_2$

$i > 1$

Übersetzung ins
● Langsame

Doppelter Riementrieb (2 Stufen)

$$i_{ges} = i_1 \cdot i_2$$

$$i_{ges} = \frac{n_1}{n_4}$$

i_{ges} Gesamtübersetzung

i_1 Übersetzung der 1. Stufe

i_2 Übersetzung der 2. Stufe

n_1 Drehzahl der treibenden Riemenscheibe (Anfangs-Drehzahl)   in $\frac{1}{\min}$

n_4 Drehzahl der getriebenen Riemenscheibe der 2. Stufe (Enddrehzahl)   in $\frac{1}{\min}$

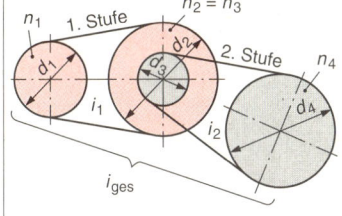

n_1 1. Stufe $n_2 = n_3$ 2. Stufe n_4

i_1 i_2 i_{ges}

$$i_{ges} = \frac{d_2 \cdot d_4}{d_1 \cdot d_3}$$

i_{ges} Gesamtübersetzung

d_1 Durchmesser der 1. treibenden Scheibe   in mm

d_2 Durchmesser der 1. getriebenen Scheibe   in mm

d_3 Durchmesser der 2. treibenden Scheibe   in mm

d_4 Durchmesser der 2. getriebenen Scheibe   in mm

GRUNDWISSEN Zahnradtrieb

Einfacher Zahnradtrieb

$$n_1 \cdot z_1 = n_2 \cdot z_2$$

n_1 Drehzahl des treibenden Rades in $\frac{1}{\text{min}}$

z_1 Zähnezahl des treibenden Rades

n_2 Drehzahl des getriebenen Rades in $\frac{1}{\text{min}}$

z_2 Zähnezahl des getriebenen Rades

$i = \dfrac{z_2}{z_1}$ $\quad$ $i = \dfrac{n_1}{n_2}$

i Übersetzungsverhältnis

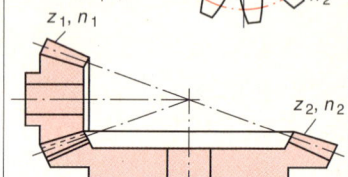

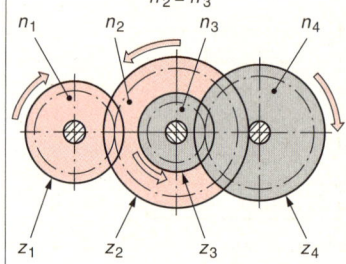

Mehrstufige Zahnradgetriebe

$$i_{\text{ges}} = i_1 \cdot i_2$$

$$i_{\text{ges}} = \frac{z_2}{z_1} \cdot \frac{z_4}{z_3}$$

$$i_{\text{ges}} = \frac{n_1}{n_4}$$

i_{ges} Gesamtübersetzung

i_1 Übersetzung der 1. Stufe

i_2 Übersetzung der 2. Stufe

z_1 Zähnezahl des 1. treibenden Rades

z_2 Zähnezahl des 1. getriebenen Rades

z_3 Zähnezahl des 2. treibenden Rades

z_4 Zähnezahl des 2. getriebenen Rades

n_1 Eingangsdrehzahl in $\frac{1}{\text{min}}$

n_4 Ausgangsdrehzahl in $\frac{1}{\text{min}}$

Drehmomentwandlung

$$i = \frac{M_2}{M_1}$$

i Übersetzungsverhältnis

M_2 Drehmoment des getriebenen Rades in Nm

M_1 Drehmoment des treibenden Rades in Nm

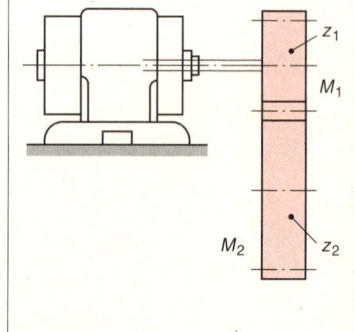

ʏlinderhubraum

$$V_h = \frac{d^2 \cdot \pi}{4} \cdot s$$

V_h	Hubraum eines Zylinders in cm³
d	Zylinderbohrung in cm
s	Kolbenhub in cm

Oberer Totpunkt OT
Zylinderbohrung d
Zylinderhubraum V_h
Unterer Totpunkt UT

Kolbenhub s

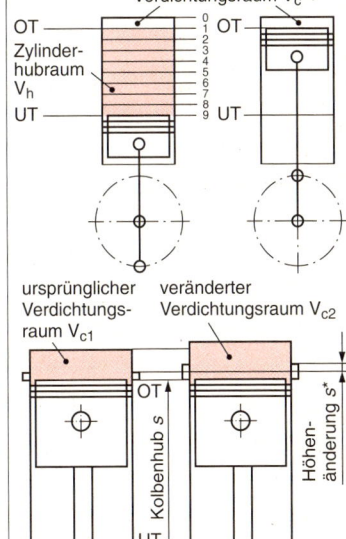

Gesamthubraum

$$V_H = \frac{d^2 \cdot \pi}{4} \cdot s \cdot z$$

V_H	Gesamthubraum in cm³
d	Zylinderbohrung in cm
s	Kolbenhub in cm
z	Zahl der Zylinder

Verdichtungsverhältnis

$$\varepsilon = \frac{V_h + V_c}{V_c}$$

$$V_c = \frac{V_h}{\varepsilon - 1}$$

$$V_h = V_c (\varepsilon - 1)$$

Änderung des Verdichtungs-verhältnisses

$$s^* = \frac{s}{\varepsilon_2 - 1} - \frac{s}{\varepsilon_1 - 1}$$

$$\varepsilon_2 = \frac{V_h + V_{c2}}{V_{c2}}$$

ε	Verdichtungs-verhältnis
V_h	Zylinderhubraum in cm³
V_c	Verdichtungsraum in cm³
s^*	Höhenänderung in mm
s	Kolbenhub in mm
ε_1	ursprüngliches Ver-dichtungsverhältnis
ε_2	neues Verdich-tungsverhältnis
V_h	Zylinderhubraum in mm³
V_{c2}	veränderter Ver-dichtungsraum in mm³

Verdichtungsraum V_c

OT
Zylinder-hubraum V_h
UT

Verdichtungsraum V_c
OT
UT

ursprünglicher Verdichtungs-raum V_{c1}
veränderter Verdichtungsraum V_{c2}

OT
Kolbenhub s
UT

Höhen-änderung s^*

Hub-Bohrungsverhältnis

$$k = \frac{s}{d}$$

k	Hub-Bohrungs-verhältnis
s	Kolbenhub in mm
d	Zylinderbohrung in mm

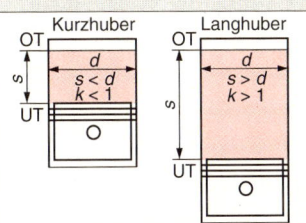

Kurzhuber
OT
s
UT
d
$s < d$
$k < 1$

Langhuber
OT
s
UT
d
$s > d$
$k > 1$

VERBRENNUNGSMOTOR Kenngrößen

Kolbengeschwindigkeit

$$v_m = \frac{2 \cdot s \cdot n}{1000 \cdot 60}$$

v_m mittlere Kolben-
geschwindigkeit   in $\frac{m}{s}$

s Kolbenhub   in mm

n Motordrehzahl   in $\frac{1}{min}$

$$v_m = \frac{s \cdot n}{30}$$

v_m mittlere Kolben-
geschwindigkeit   in $\frac{m}{s}$

s Kolbenhub   in m

n Motordrehzahl   in $\frac{1}{min}$

$$v_{max} \approx 1{,}6 \cdot v_m$$

v_{max} maximale Kolben-
geschwindigkeit   in $\frac{m}{s}$

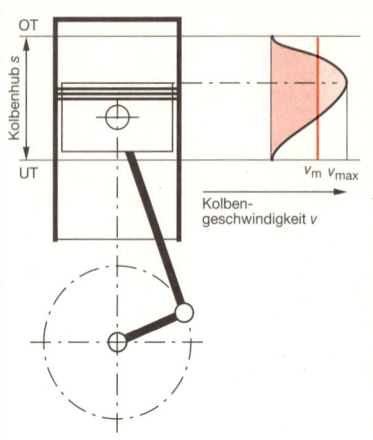

Kraftstoffverbrauch

von Pkw

$$C = \frac{m}{\varrho \cdot s} \cdot 100$$

$$C = \frac{V}{s} \cdot 100$$

C Kraftstoffverbrauch
nach DIN 70 030-1   in l je 100 km

m verbrauchte Kraft-
stoffmasse   in kg

ϱ Kraftstoffdichte   in $\frac{kg}{l}$

s zurückgelegte
Wegstrecke   in km

V verbrauchtes Kraft-
stoffvolumen   in l

von Lkw, Kom, Krafträdern

$$k = 1{,}1 \cdot \frac{K}{s} \cdot 100$$

k Kraftstoffverbrauch
nach DIN 70 030-2   in l je 100 km

K verbrauchtes Kraft-
stoffvolumen   in l

s zurückgelegte
Wegstrecke   in km

von Verbrennungsmotoren

$$B = \frac{V \cdot \varrho \cdot 3600}{t}$$

B Kraftstoffverbrauch
nach DIN 1940   in $\frac{kg}{h}$

V verbrauchtes Kraft-
stoffvolumen   in dm^3

ϱ Kraftstoffdichte   in $\frac{kg}{dm^3}$

t Zeit   in s

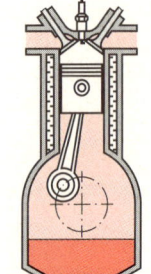

Kraftstoffstrecken-verbrauch

$$k_S = \frac{K}{s} \cdot 100$$

k_S	Kraftstoffverbrauch nach DIN 70 030-2	in l je 100 km
K	verbrauchtes Kraftstoffvolumen	in l
s	zurückgelegte Wegstrecke	in km

Spezifischer Kraftstoffverbrauch

$$b_{eff} = \frac{V \cdot \varrho \cdot 3600}{t \cdot P_{eff}}$$

$$b_{eff} = \frac{B \cdot 1000}{P_{eff}}$$

b_{eff}	spezifischer Kraftstoffverbrauch nach DIN 1940	in $\frac{g}{kWh}$
V	verbrauchtes Kraftstoffvolumen	in cm³
ϱ	Kraftstoffdichte	in $\frac{g}{cm^3}$
t	Meßzeit	in s
P_{eff}	Nutzleistung (effektive Leistung)	in kW
B	Kraftstoffverbrauch nach DIN 1940	in $\frac{kg}{h}$

Fahrbereich von Kraftfahrzeugen

$$s_F = \frac{V}{C} \cdot 100$$

$$s_F = \frac{V}{k} \cdot 100$$

s_F	Fahrbereich nach DIN 70 020	in km
V	Volumen des Kraftstoffbehälters	in l
C	Kraftstoffverbrauch nach DIN 70 030-1	in l je 100 km
k	Kraftstoffverbrauch nach DIN 70 030-2	in l je 100 km

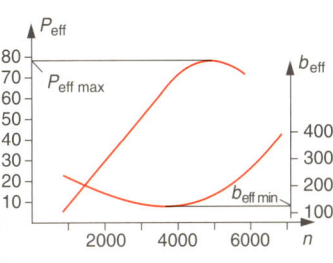

Kolbenkraft

$$F_K = 10 \cdot p \cdot A_K$$

F_K	Kolbenkraft	in N
p	Druck im Verbrennungsraum	in bar
A_K	Kolbenfläche	in cm²

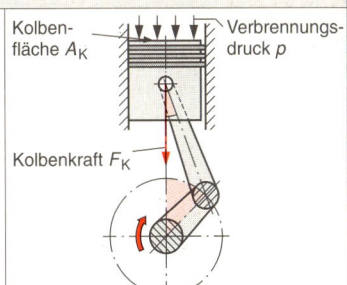

Mechanische Arbeit

$$W = 10 \cdot p_{mi} \cdot A_K \cdot s$$

$$W = F_K \cdot s$$

W	mechanische Arbeit	in Nm
p_{mi}	mittlerer indizierter Kolbendruck	in bar
A_K	Kolbenfläche	in cm²
s	Kolbenhub	in m
F_K	Kolbenkraft	in N

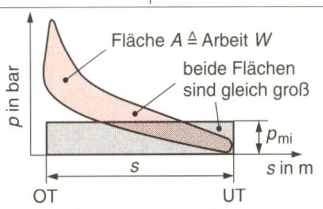

VERBRENNUNGSMOTOR   Kurbeltrieb

Drehmoment an der Kurbelwelle

$$M = F_T \cdot r$$

M	Drehmoment	in Nm
F_T	Tangentialkraft	in N
r	Kurbelradius	in m

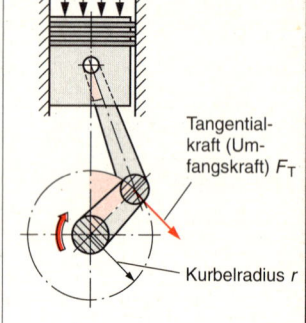

Tangential-
kraft (Um-
fangskraft) F_T

Kurbelradius r

Kolbeneinbauspiel

$$k_{Sp} = D - d$$

k_{Sp}	Kolbeneinbauspiel	in mm
D	Zylinderbohrung	in mm
d	größter Kolbendurch-messer	in mm

VERBRENNUNGSMOTOR   Motorleistung

Indizierte Leistung

Viertaktmotor

$$P_i = \frac{A_K \cdot s \cdot z \cdot p_{mi} \cdot n}{1\ 200\ 000}$$

$$P_i = \frac{V_H \cdot p_{mi} \cdot n}{1\ 200\ 000}$$

Zweitaktmotor

$$P_i = \frac{A_K \cdot s \cdot z \cdot p_{mi} \cdot n}{600\ 000}$$

$$P_i = \frac{V_H \cdot p_{mi} \cdot n}{600\ 000}$$

P_i	indizierte Leistung	in kW
A_K	Kolbenfläche	in cm^2
s	Kolbenhub	in cm
z	Zahl der Zylinder	
p_{mi}	mittlerer Kolbendruck	in bar
n	Motordrehzahl	in $\frac{1}{min}$
V_H	Gesamthubraum	in cm^3

1 200 000 Umrechnungszahl, für einen Viertaktmotor

600 000 Umrechnungszahl, für einen Zweitaktmotor

Effektive Leistung

$$P_{eff} = P_i - P_r$$

$$P_{eff} = \frac{M \cdot n}{9550}$$

P_{eff}	effektive Leistung	in kW
P_i	indizierte Leistung	in kW
P_r	Reibleistung	in kW
M	Motordrehmoment	in Nm
n	Motordrehzahl	in $\frac{1}{min}$

VERBRENNUNGSMOTOR Motorleistung

Mechanischer Wirkungsgrad

$$\eta_m = \frac{P_{eff}}{P_i}$$

η_m mechanischer Wirkungsgrad
P_{eff} effektive Leistung   in kW
P_i indizierte Leistung   in kW

Effektiver Wirkungsgrad

$$\eta_{eff} = \frac{P_{eff} \cdot 3600}{H_u \cdot B}$$

$$\eta_{eff} = \frac{3600 \cdot 1000}{b_{eff} \cdot H_u}$$

η_{eff} effektiver Wirkungs-grad (Nutzwirkungs-grad)

P_{eff} effektive Leistung (Nutzleistung)   in kW

H_u Heizwert   in $\dfrac{kJ}{kg}$

B Kraftstoffverbrauch   in $\dfrac{kg}{h}$

b_{eff} spezifischer Kraft-stoffverbrauch   in $\dfrac{g}{kWh}$

Hubraumleistung

$$P_H = \frac{P_{eff}}{V_H}$$

P_H Hubraumleistung   in $\dfrac{kW}{l}$

P_{eff} effektive Leistung   in kW

V_H Gesamthubraum   in l

Leistungsgewicht

des Motors

$$m_{PM} = \frac{m_M}{P_{eff}}$$

m_{PM} Leistungsgewicht des Motors   in $\dfrac{kg}{kW}$

m_M Masse des Motors   in kg

P_{eff} größte effektive Leistung   in kW

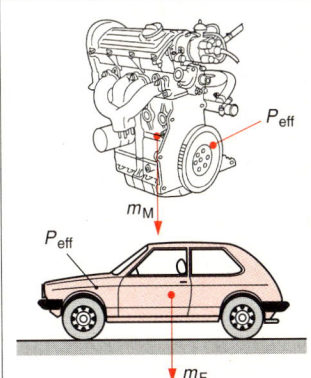

des Fahrzeugs

$$m_{PF} = \frac{m_F}{P_{eff}}$$

m_{PF} Leistungsgewicht des Fahrzeugs   in $\dfrac{kg}{kW}$

m_F Masse des Fahrzeugs   in kg

P_{eff} größte effektive Leistung   in kW

Gewichtsleistung des Fahrzeugs

$$P_m = \frac{P_{eff}}{m_{zul}}$$

P_m Gewichtsleistung des Fahrzeugs   in $\dfrac{kW}{t}$

P_{eff} größte effektive Leistung   in kW

m_{zul} zulässiges Gesamt-gewicht   in t

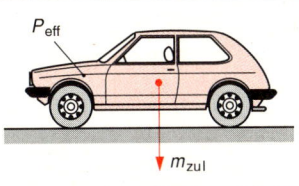

VERBRENNUNGSMOTOR   Gemischbildung

Luftverhältnis

$$\lambda = \frac{L}{L_{th}}$$

λ	Luftverhältnis
L	zugeführte Luftmenge in $\frac{kg}{kg}$
L_{th}	erforderliche Luftmenge in $\frac{kg}{kg}$

Liefergrad

$$\lambda_L = \frac{m_z}{m_{th}}$$

$$\lambda_L = \frac{V_z}{V_{th}}$$

λ_L	Liefergrad
m_z	tatsächlich angesaugte (zugeführte) Frischladungsmasse in kg
m_{th}	theoretisch mögliche Frischladungsmasse in kg
V_z	Volumen der zugeführten Frischladung in cm^3
V_{th}	theoretisch mögliches Frischladungsvolumen (Hubraum) in cm^3

Luftverbrauch

$$L_v = L_{th} \cdot \lambda \cdot V \cdot \varrho$$

L_v	Luftverbrauch in $\frac{kg}{h}$
L_{th}	erforderliche Luftmenge in $\frac{kg}{kg}$
λ	Luftverhältnis
V	verbrauchtes Kraftstoffvolumen in $\frac{dm^3}{h}$
ϱ	Kraftstoffdichte in $\frac{kg}{dm^3}$

VERBRENNUNGSMOTOR   Steuerung

Längenzunahme des Ventils

$$\Delta l = l_0 \cdot \alpha \cdot \Delta T$$

$$l = l_0 + l_0 \cdot \alpha \cdot \Delta T$$

$$l = l_0 (1 + \alpha \cdot \Delta T)$$

Δl	Längenzunahme des Ventils in mm
l_0	Ausgangslänge in mm
α	Längenausdehnungszahl in $\frac{1}{K}$
ΔT	Temperaturdifferenz in K, °C
l	Länge des Ventils nach der Erwärmung in mm

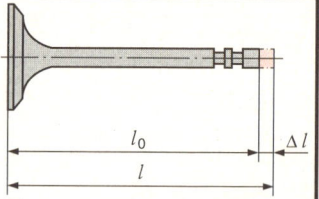

Ventilöffnungszeit

$$t = \frac{\alpha}{n \cdot 6}$$

t	Ventilöffnungszeit in s
α	Ventilöffnungswinkel in °KW
n	Motordrehzahl in $\frac{1}{min}$

Bogenlänge

$$l_B = \frac{d \cdot \pi \cdot \alpha}{360°}$$

l_B	Bogenlänge in mm
d	Riemen- oder Schwungscheibendurchmesser in mm
α	Ventilöffnungs- oder Schließwinkel, Förderbeginnwinkel in °KW

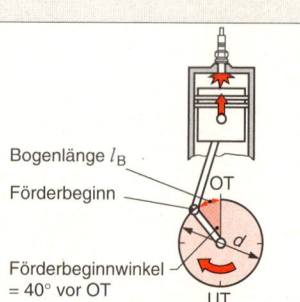

Bogenlänge l_B

Förderbeginn

Förderbeginnwinkel = 40° vor OT

VERBRENNUNGSMOTOR Schmierung

Schmierölverbrauch

$$B_S = \frac{b_S \cdot P_{eff}}{1000}$$

B_S	Schmierölverbrauch	in $\frac{kg}{h}$
b_S	spezifischer Schmierölverbrauch	in $\frac{g}{kWh}$
P_{eff}	Nutzleistung	in kW

Spezifischer Schmierölverbrauch

$$b_S = \frac{V_S \cdot \varrho \cdot 3600}{P_{eff} \cdot t}$$

b_S	spezifischer Schmierölverbrauch	in $\frac{g}{kWh}$
V_S	verbrauchtes Schmierölvolumen	in cm^3
ϱ	Dichte des Schmieröls	in $\frac{g}{cm^3}$
P_{eff}	Nutzleistung	in kW
t	Prüfzeit	in s

Strecken-Schmierölverbrauch

$$V_{St} = \frac{V_S \cdot 100}{s}$$

V_{St}	Strecken-Schmieröl-verbrauch	in l je 100 km
V_S	Schmierölverbrauch	in l
s	zurückgelegte Prüfstrecke	in km

VERBRENNUNGSMOTOR Kühlung

Abzuführende Wärmemenge

$$\Phi_{ab} = \frac{b_{eff} \cdot P_{eff} \cdot H_u \cdot f}{1000 \cdot 100}$$

Φ_{ab}	abzuführende Wärmemenge	in $\frac{kJ}{h}$
b_{eff}	spezifischer Kraftstoffverbrauch	in $\frac{g}{kWh}$
P_{eff}	effektive Leistung (Nutzleistung)	in kW
H_u	Heizwert	in $\frac{kJ}{kg}$
f	Anteil der abzuführenden Wärmemenge	in %

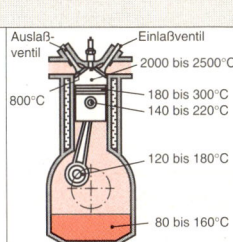

Auslaß-ventil — Einlaßventil
2000 bis 2500°C
180 bis 300°C
140 bis 220°C
800°C
120 bis 180°C
80 bis 160°C

Kühlflüssigkeitsdurchsatz

$$m_h = \frac{\Phi_{ab}}{\Delta T \cdot c}$$

m_h	Kühlflüssigkeitsdurchsatz	in $\frac{kg}{h}$
Φ_{ab}	abzuführende Wärmemenge	in $\frac{kJ}{h}$
ΔT	Temperaturdifferenz	in K, °C
c	spezifische Wärmekapazität	in $\frac{kJ}{kg \cdot K}$

Kühlflüssigkeitsumläufe

$$z = \frac{m_h}{m_K}$$

z	Zahl der Kühlflüssigkeitsumläufe	in $\frac{1}{h}$
m_h	Kühlflüssigkeitsdurchsatz	in $\frac{kg}{h}$
m_K	Masse der Kühlflüssigkeit	in kg

Gefrierschutzmittel

$$V_G = \frac{V_K \cdot A_G}{G_K}$$

$$V_G = \frac{V_K \cdot A_G}{A_G + A_W}$$

V_G	Gefrierschutzmittelvolumen	in dm^3
V_K	Inhalt des Kühlsystems	in dm^3
A_G	Gefrierschutzmittelanteil	
G_K	gesamte Anteile der Kühlflüssigkeit	
A_W	Wasseranteil	

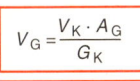

Wasservolumen in %
100 80 60 40 20 0
Temperatur t in °C
0°
−20
−40
−56°C
−60
0 20 40 60 80 100
Gefrierschutzmittelvolumen V_G in %

KRAFTÜBERTRAGUNG Kupplung

Reibungskraft

$$F_R = F_N \cdot \mu \cdot z$$

F_R	Reibungskraft in N
F_N	Anpreßkraft der Federn in N
μ	Reibungszahl
z	Zahl der Reibflächen-paarungen
$z = 2$	gilt für eine Kupplungsscheibe
$z = 4$	gilt für zwei Kupplungsscheiben usw.

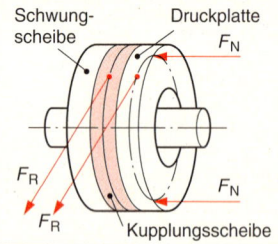

Schwung-scheibe · Druckplatte · F_N · F_R · F_N · F_R · Kupplungsscheibe

Wirksamer Hebelarm

$$r_m = \frac{D + d}{4}$$

r_m	mittlerer Radius in mm
D	Außendurchmesser in mm
d	Innendurchmesser in mm

Kupplungsdrehmoment

$$M_K = F_R \cdot r_m$$

M_K	Kupplungsdreh-moment in Nm
F_R	Reibungskraft in N
r_m	wirksamer Hebelarm (mittlerer Radius) in m

$$M_K = F_N \cdot \mu \cdot z \cdot r_m$$

F_N	Anpreßkraft der Federn in N
μ	Reibungszahl
z	Zahl der Reib-flächenpaarungen

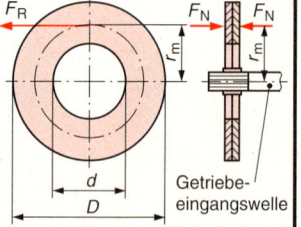

F_R · F_N · F_N · r_m · r_m · d · D · Getriebe-eingangswelle

Flächenpressung

$$p = \frac{F_N}{A}$$

p	Flächenpressung in $\frac{N}{cm^2}$
F_N	Anpreßkraft der Federn in N
A	Reibfläche in cm^2

Sicherheit der Übertragungsfähigkeit

$$M_K = M_{max} \cdot \nu$$

M_K	von der Kupplung über-tragbares Drehmoment in Nm
M_{max}	maximales Motordreh-moment in Nm
ν	Sicherheitszahl

Mechanische Übersetzung

$$F_F \cdot l_1 = F_S \cdot l_2$$

$$F_S \cdot l_3 = F_A \cdot l_4$$

F_F	Fußkraft in N
F_S	Kraft im Kupplungsseil in N
l_1, l_2	Hebellängen am Fuß-hebel in m, mm
F_A	Kraft am Ausrücker in N
l_3, l_4	Hebellängen am Aus-rückhebel in m, mm

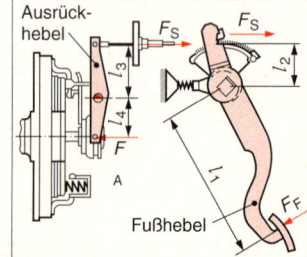

Ausrück-hebel · F_S · F_S · l_3 · l_2 · l_4 · F · A · l_1 · F_F · Fußhebel

KRAFTÜBERTRAGUNG Kupplung

Hebelübersetzungen

$$i_1 = \frac{F_F}{F_S}$$ $$i_1 = \frac{l_2}{l_1}$$

$$i_2 = \frac{F_S}{F_A}$$ $$i_2 = \frac{l_4}{l_3}$$

$$i_{ges} = i_1 \cdot i_2$$

i_1 Übersetzung am Fußhebel
i_2 Übersetzung am Ausrückhebel
i_{ges} Gesamtübersetzung
F_F Fußkraft   in N
F_S Kraft im Kupplungsseil   in N
F_A Kraft am Ausrücker   in N
l_1, l_2 Hebellängen
     am Fußhebel   in m, mm
l_3, l_4 Hebellängen am
     Ausrückhebel   in m, mm

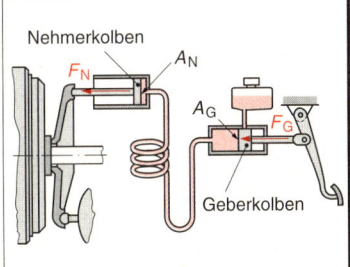

Ausrückhebel   Fußhebel

Hydraulische Übersetzung

$$p = \frac{F_G}{A_G}$$

$$F_N = p \cdot A_N$$

$$i_h = \frac{F_G}{F_N}$$

$$i_h = \frac{A_G}{A_N}$$

p hydraulischer Druck   in $\frac{N}{cm^2}$

F_G Kraft am Geberkolben   in N

A_G Geberkolbenfläche   in cm^2

F_N Kraft am Nehmer-
     kolben   in N

A_N Kolbenfläche des
     Nehmerkolbens   in cm^2

i_h hydraulische Kraft-
     übersetzung

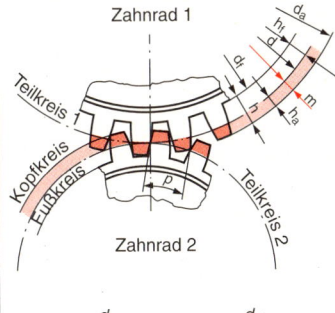

Nehmerkolben

Geberkolben

KRAFTÜBERTRAGUNG Schalt- und Achsgetriebe

Zahnradabmessungen

$$h_a = m$$

$$h_f = 1,25 \cdot m$$

$$h = 2,25 \cdot m$$

$$p = m \cdot \pi$$

$$d = m \cdot z$$

$$d_a = m \cdot z + 2h_a$$

$$d_f = m \cdot z - 2h_f$$

$$d_a = m(z + 2)$$

$$d_f = m(z - 2,5)$$

$$a = \frac{m(z_1 + z_2)}{2}$$

$$a = \frac{d_1 + d_2}{2}$$

h_a Kopfhöhe   in mm

m Modul   in mm

h_f Fußhöhe   in mm

h Zahnhöhe   in mm

p Teilung   in mm

d Teilkreisdurchmesser in mm

z Zähnezahl

d_a Kopfkreisdurch-
     messer   in mm

d_f Fußkreisdurch-
     messer   in mm

a Achsabstand   in mm

z_1, z_2 Zähnezahlen der
     Zahnräder 1 und 2

d_1, d_2 Teilkreisdurchmesser
     der Zahnräder
     1 und 2   in mm

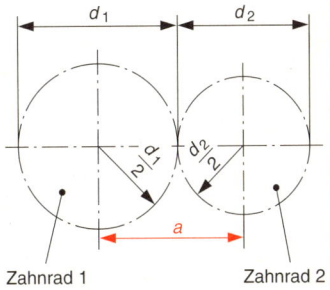

Zahnrad 1

Zahnrad 2

Zahnrad 1   Zahnrad 2

Übersetzung der Drehzahlen

$$z_1 \cdot n_1 = z_2 \cdot n_2$$

$$i_V = \frac{n_1}{n_2}, \; i_V = \frac{z_2}{z_1}$$

$$z_3 \cdot n_3 = z_4 \cdot n_4$$

$$i_1 = \frac{n_3}{n_4}, \; i_1 = \frac{z_4}{z_3}$$

$z_1, z_2, z_3 \ldots$	Zähnezahlen
$n_1, n_2, n_3 \ldots$	Drehzahlen $\quad$ in $\frac{1}{\text{min}}$
i_V	Übersetzung zur Vorgelegewelle
i_1	Übersetzung im 1. Gang

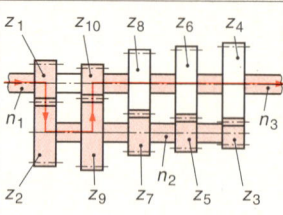

Gesamtübersetzung im Getriebe

$$i_{1.G, 2.G, 3.G\ldots} = i_V \cdot i_{1,2,3} \ldots$$

$i_{1.G, 2.G, 3.G\ldots}$	Gesamtübersetzung im Getriebe,
i_V	Vorgelegeübersetzung
$i_1, i_2, i_3 \ldots$	Übersetzung in den Gängen

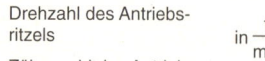

Übersetzungen im Achsgetriebe

$$n_{Ri} \cdot z_R = n_T \cdot z_T$$

$$i_A = \frac{n_{Ri}}{n_T}$$

$$i_A = \frac{z_T}{z_R}$$

n_{Ri}	Drehzahl des Antriebsritzels $\quad$ in $\frac{1}{\text{min}}$
z_R	Zähnezahl des Antriebsritzels
n_T	Drehzahl des Tellerrades $\quad$ in $\frac{1}{\text{min}}$
z_T	Zähnezahl des Tellerrades
i_A	Übersetzung im Achsgetriebe

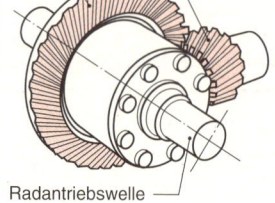

Tellerrad n_T, z_T

Antriebsritzel n_{Ri}, z_R

Radantriebswelle

Gesamtübersetzung des Antriebsstranges

$$i_{ges\,1.G, 2.G, 3.G\ldots} = i_{1.G, 2.G, 3.G\ldots} \cdot i_A$$

$$i_{ges\,1.G, 2.G, 3.G\ldots} = i_V \cdot i_{1,2,3} \ldots \cdot i_A$$

$i_{ges\,1.G, 2.G, 3.G\ldots}$	Gesamtübersetzung des Antriebsstranges
$i_{1.G, 2.G, 3.G\ldots}$	Gesamtübersetzung des Getriebes
$i_{1,2,3\ldots}$	Übersetzung in den Gängen
i_V	Vorgelegeübersetzung
i_A	Achsgetriebeübersetzung

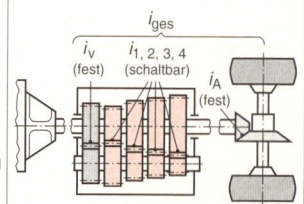

Übersetzung der Drehmomente

$$i = \frac{M_2}{M_1} = \frac{z_2}{z_1}$$

i	Übersetzung
M_1	Drehmoment des treibenden Zahnrades $\quad$ in Nm
M_2	Drehmoment des getriebenen Zahnrades $\quad$ in Nm
z_1, z_2	Zähnezahlen der Zahnräder

KRAFTÜBERTRAGUNG   Radantrieb

Radwege

$$s_a = \frac{2 \cdot r_a \cdot \pi \cdot \alpha}{360°}$$

$$s_i = \frac{2 \cdot r_i \cdot \pi \cdot \alpha}{360°}$$

s_a	Kreisbogenlänge des Außenrades	in m
s_i	Kreisbogenlänge des Innenrades	in m
r_a, r_i	Kurvenaußenradius, -innenradius	in m
α	Mittelpunktswinkel	in °

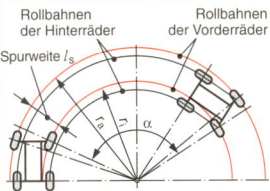

Abrollumfang

$$U_R = 2 \cdot r_{dyn} \cdot \pi$$

U_R	Abrollumfang des Rades	in m
r_{dyn}	dynamischer Halbmesser	in m

Radumdrehungen

$$R_U = \frac{s}{U_R}$$

$$R_{Ui} = \frac{s_i}{U_R}$$

$$R_{Ua} = \frac{s_a}{U_R}$$

R_U	Radumdrehungen	
s	Fahrstrecke	in m
U_R	Abrollumfang des Rades	in m
R_{Ui}	Radumdrehungen innen	
R_{Ua}	Radumdrehungen außen	
s_i	Kreisbogenlänge des Innenrades	in m
s_a	Kreisbogenlänge des Außenrades	in m

Ausgleichs-
getriebe

Ausgleichsgetriebe

$$\Delta n = \frac{n_A \cdot l_S}{r_m}$$

$$\Delta R_U = \frac{A_U \cdot l_S}{r_m}$$

$$A_U = \frac{s_m}{U_R}$$

$$R_{Ua} = A_U + \frac{\Delta R_U}{2}$$

$$R_{Ui} = A_U - \frac{\Delta R_U}{2}$$

Δn	Drehzahldifferenz	in $\frac{1}{min}$
n_A	Drehzahl des Ausgleichs-gehäuses	in $\frac{1}{min}$
l_S	Spurweite	in m
r_m	mittlerer Kurvenradius	in m
ΔR_u	Differenz zwischen den Radumdrehungen des äußeren und des inneren Rades	
A_U	Anzahl der Umdrehungen des Ausgleichsgehäuses	
s_m	mittlerer Kreisumfang	in m
U_R	Abrollumfang	in m
R_{Ua}	Radumdrehungen außen	
R_{Ui}	Radumdrehungen innen	

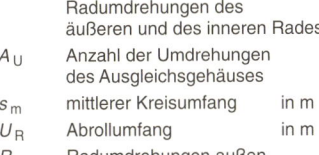

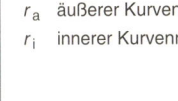

r_a äußerer Kurvenradius
r_i innerer Kurvenradius

Sperrwert

$$S = \frac{\Delta M_R}{\Sigma M_R} \cdot 100\,\%$$

$$\Delta M_R = M_{Rmax} - M_{Rmin}$$

$$\Sigma M_R = M_{Rmax} + M_{Rmin}$$

$$M_{Rmax} = \frac{\Delta M_R + \Sigma M_R}{2}$$

S	Sperrwert	in %
ΔM_R	Differenz zwischen den Drehmomenten an den Antriebsrädern	in Nm
ΣM_R	Summe der Drehmo-mente an den Antriebsrädern	in Nm
M_{Rmax}	größtes Drehmoment	in Nm
M_{Rmin}	kleinstes Drehmoment	in Nm

FAHRWERK Lenkung

Gesamtlenkübersetzung

$$i_S = \frac{\delta_H}{\delta_m}$$

i_S	Gesamtlenkübersetzung
δ_H	Lenkradwinkel in °
δ_m	mittlerer Lenkwinkel in °

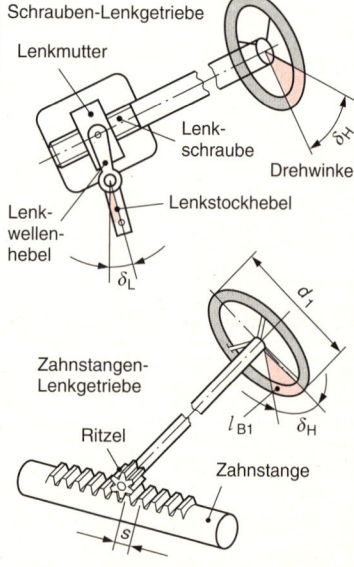

Spurdifferenzwinkel $\Delta\delta$
δ_i innerer
δ_a äußerer $\Big]$ Lenkwinkel

Mittlerer Lenkwinkel

$$\delta_m = \frac{\delta_a + \delta_i}{2}$$

δ_m	mittlerer Lenkwinkel in °
δ_a	äußerer Lenkwinkel in °
δ_i	innerer Lenkwinkel in °

Spurdifferenzwinkel

$$\Delta\delta = \delta_i - \delta_a$$

$\Delta\delta$	Spurdifferenzwinkel in °
δ_i	innerer Lenkwinkel in °
δ_a	äußerer Lenkwinkel in °

Lenkgetriebeübersetzung

Schrauben- und Schnecken-Lenkgetriebe

$$i_L = \frac{\delta_H}{\delta_L}$$

i_L	Lenkgetriebeübersetzung
δ_H	Lenkradwinkel in °
δ_L	Winkeleinschlag am Lenkstockhebel in °

Schrauben-Lenkgetriebe
Lenkmutter
Lenk-schraube
Drehwinkel δ_H
Lenkstockhebel
Lenk-wellen-hebel
δ_L

Zahnstangen-Lenkgetriebe

$$i_L = \frac{l_{B1}}{s}$$

$$i_L = \frac{d_1 \cdot \pi}{z \cdot p}$$

i_L	Lenkgetriebeübersetzung	
l_{B1}	Kreisbogen am Lenkrad	in mm
s	Zahnstangenweg	in mm
d_1	Lenkraddurchmesser	in mm
z	Zähnezahl des Ritzels	
p	Zahnteilung	in mm

Zahnstangen-Lenkgetriebe
d_1
Ritzel
l_{B1} δ_H
Zahnstange
s

Stellung der gelenkten Räder

Spur, Vorspur, Nachspur

$$C = l_2 - l_1$$

$$C \approx \frac{d_F \cdot \pi \cdot \delta}{180°}$$

C	Spur (Gesamtspur)	in mm
l_2	Felgenhornabstand hinter der Achse	in mm
l_1	Felgenhornabstand vor der Achse	in mm
d_F	Felgenhorndurchmesser	in mm
δ	Spurwinkel beider Räder	in °

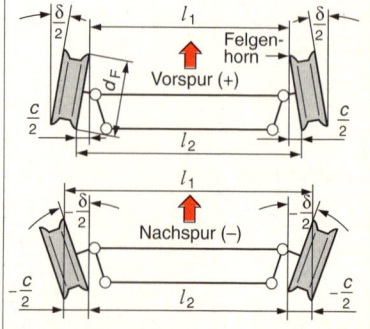

$\frac{\delta}{2}$ l_1 Felgen-horn
Vorspur (+)
d_F
$\frac{c}{2}$ $\frac{c}{2}$
l_2

l_1
$\frac{\delta}{2}$ $\frac{\delta}{2}$
Nachspur (−)
$-\frac{c}{2}$ $-\frac{c}{2}$
l_2

FAHRWERK Räder

Reifenabmessungen

Querschnittsverhältnis

$$Q = \frac{H}{B} \cdot 100\,\%$$

Außendurchmesser

$$D = 25{,}4 \cdot d + 2 \cdot H$$

Q	Querschnittsverhältnis	in %
H	Reifenhöhe	in mm
B	Reifenbreite	in mm
D	Außendurchmesser	in mm
d	Felgendurchmesser	in in.
H	Reifenhöhe	in mm

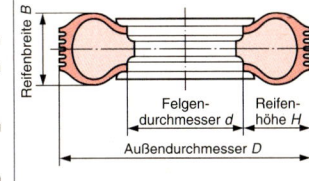

Dynamischer Halbmesser

$$r_{\text{dyn}} = \frac{U_R}{2 \cdot \pi}$$

r_{dyn}	dynamischer Halb-messer	in mm
U_R	Abrollumfang	in mm

Radweg

$$s = \frac{U_R \cdot R_U}{1000}$$

s	Radweg	in m
U_R	Abrollumfang	in mm
R_U	Radumdrehungen	

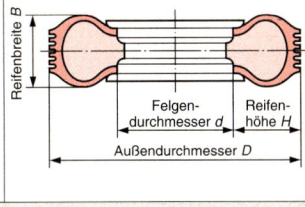

statischer Halbmesser r_{stat} — dynamischer Halbmesser r_{dyn}

Fahrgeschwindigkeit

$$v = \frac{3{,}6 \cdot 2 \cdot r_{\text{dyn}} \cdot \pi \cdot n_R}{60 \cdot 1000}$$

$$v = \frac{3{,}6 \cdot 2 \cdot r_{\text{dyn}} \cdot \pi \cdot n}{60 \cdot 1000 \cdot i_{\text{ges}}}$$

v	Fahrgeschwindigkeit	in $\frac{\text{km}}{\text{h}}$
r_{dyn}	dynamischer Halb-messer	in mm
n_R	Raddrehzahl	in $\frac{1}{\text{min}}$
n	Motordrehzahl	in $\frac{1}{\text{min}}$
i_{ges}	Gesamtübersetzung	

Fahrwiderstände

Rollwiderstand

$$F_{\text{Ro}} = m_F \cdot g \cdot k_R$$

Luftwiderstand

$$F_L = 0{,}615 \cdot v^2 \cdot A \cdot c_w$$

F_{Ro}	Rollwiderstand	in N
m_F	Masse des Fahrzeugs	in kg
g	Fallbeschleunigung	in $\frac{\text{m}}{\text{s}^2}$
	$(9{,}81\,\frac{\text{m}}{\text{s}^2})$	
k_R	Rollwiderstandszahl	
F_L	Luftwiderstand	in N
v	Fahrgeschwindigkeit	in $\frac{\text{m}}{\text{s}}$
A	wirksame Fahrzeug-querschnittsfläche	in m²
c_w	Luftwiderstandszahl	

Rollwiderstandszahlen k_R (Radialreifen)

Fahrbahn	k_R
Beton- oder Asphalt-straßen	0,015
Kopfsteinpflaster	0,02
festgefahrener Sand	0,05
loser Sand	0,2

Steigungswiderstand

$$F_{St} \approx m_F \cdot g \cdot \frac{p}{100\,\%}$$

F_{St}	Steigungswider-stand	in N
m_F	Masse des Fahr-zeugs	in kg
g	Fallbeschleunigung $(9{,}81\,\frac{m}{s^2})$	in $\frac{m}{s^2}$
p	Steigung	in %

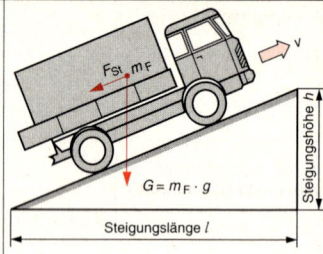

$G = m_F \cdot g$

Steigungslänge l

Gesamtfahrwiderstand

$$F_W = F_{Ro} + F_L + F_{St}$$

Für das **Gefälle** gilt:

$$F_W = F_{Ro} + F_L - F_{Ge}$$

$$F_{Ge} = F_{St}$$

F_W	Gesamtfahrwider-stand	in N
F_{Ro}	Rollwiderstand	in N
F_L	Luftwiderstand	in N
F_{St}	Steigungswider-stand	in N
F_{Ge}	Gefällekraft	in N

Antriebskraft

$$F_A = \frac{M_A}{r_{dyn}}$$

$$F_A = \frac{M \cdot i_{ges} \cdot \eta_{ges}}{r_{dyn}}$$

$$F_A = \frac{3600 \cdot P_{eff} \cdot \eta_{ges}}{v}$$

F_A	Antriebskraft	in N
M_A	Antriebsdrehmoment	in Nm
r_{dyn}	dynamischer Halb-messer	in m
M	Motordrehmoment	in Nm
i_{ges}	Gesamtübersetzung	
η_{ges}	Gesamtwirkungs-grad des Antriebsstrangs	
P_{eff}	effektive Leistung	in kW
v	Fahrgeschwindigkeit	in $\frac{km}{h}$

Beschleunigungskraft

$$F_{Be} = F_A - F_W$$

F_{Be}	Beschleunigungs-kraft	in N
F_A	Antriebskraft	in N
F_W	Gesamtfahrwider-stand	in N

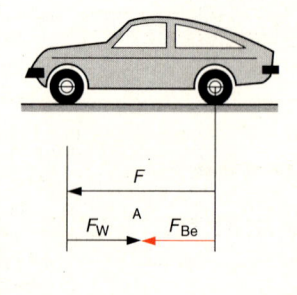

FAHRWERK   Bremsen

Bremskraft

$$F_B = m_F \cdot a$$

F_B	Bremskraft	in N
m_F	Fahrzeugmasse	in kg
a	Bremsverzögerung	in $\frac{m}{s^2}$

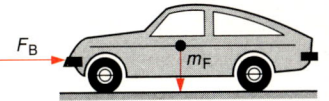

Maximale Bremskraft

$$F_{Bmax} = m_F \cdot g \cdot \mu_H$$

$$F_{Bmax} = G \cdot \mu_H$$

F_{Bmax}	maximale Bremskraft	in N
m_F	Fahrzeugmasse	in kg
g	Fallbeschleunigung ($9,81\frac{m}{s^2}$)	in $\frac{m}{s^2}$
μ_H	Haftreibungszahl	
G	Gewichtskraft des Fahrzeugs	in N

Haftreibungszahlen

Fahrbahn	Fahrbahn-zustand	Haftreibungs-zahl μ_H
Asphalt, Beton, Bitumen	trocken	0,75 bis 0,85
	naß	0,45 bis 0,55
gepflasterte Fahrbahn	trocken	0,55 bis 0,65
	naß	0,45 bis 0,55
Schneedecke	trocken	0,25 bis 0,4
	naß	0,1 bis 0,25
Eisschicht	trocken	0,15 bis 0,20
	naß	0,05 bis 0,1

Bremsarbeit

$$W_B = F_B \cdot s$$

W_B	Bremsarbeit	in Nm
F_B	Bremskraft an allen Rädern des Fahrzeugs	in N
s	Bremsweg	in m

Bremsverzögerung

$$a = \frac{v}{t}$$

$$a = \frac{v^2}{2 \cdot s}$$

$$a = \frac{v_2 - v_1}{t}$$

$$a = \frac{v_2^2 - v_1^2}{2 \cdot s}$$

a	Bremsverzögerung	in $\frac{m}{s^2}$
v	Fahrgeschwindigkeit vor dem Bremsen	in $\frac{m}{s}$
t	Bremszeit	in s
s	Bremsweg	in m
v_2	Fahrgeschwindigkeit vor dem Bremsen	in $\frac{m}{s}$
v_1	Fahrgeschwindigkeit nach dem Bremsen	in $\frac{m}{s}$

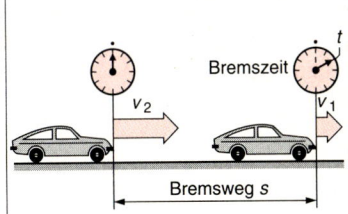

Bremszeit

Bremsweg s

Maximale Bremsverzögerung

$$a_{max} = g \cdot \mu_H$$

a_{max}	maximale Bremsver-zögerung	in $\frac{m}{s^2}$
g	Fallbeschleunigung ($9,81\frac{m}{s^2}$)	in $\frac{m}{s^2}$
μ_H	Haftreibungszahl	

Abbremsung

$$z = \frac{F_B \cdot 100 \%}{G}$$

z	Abbremsung	in %
F_B	Summe der Bremskräfte an allen Rädern	in N
G	Gewichtskraft des Fahr-zeugs	in N

Bremsverzögerung a in $\frac{m}{s^2}$

0 1 2 3 4 5 6 7 8 9 9,81

0 10 20 30 40 50 60 70 80 90 100

Abbremsung z in %

FAHRWERK Bremsen

Bremsverzögerung aus Prüfstandsmessungen

$$a = \frac{F_B \cdot g}{G}$$

a	Bremsverzögerung in $\frac{m}{s^2}$
F_B	Summe der Bremskräfte an allen Rädern in N
g	Fallbeschleunigung in $\frac{m}{s^2}$ (9,81 $\frac{m}{s^2}$)
G	Gewichtskraft des Fahrzeugs in N

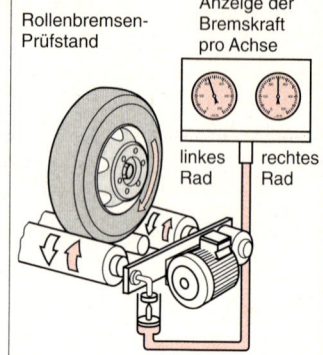

Rollenbremsen-Prüfstand

Anzeige der Bremskraft pro Achse

linkes Rad   rechtes Rad

Anhalteweg

$$s_H = s_R + s$$

$$s_H = v \cdot t_R + \frac{v \cdot t}{2}$$

$$s_H = v \cdot t_R + \frac{v^2}{2 \cdot a}$$

$$s_H = v \cdot t_R + \frac{a \cdot t^2}{2}$$

Näherungsformel für den Anhalteweg

$$s_H \approx 3 \cdot \frac{v}{10} + \left(\frac{v}{10}\right)^2$$

s_H	Anhalteweg in m
s_R	Reaktionsweg in m
s	Bremsweg in m
v	Fahrgeschwindigkeit vor dem Bremsen in $\frac{m}{s}$
t_R	Reaktionszeit in s
t	Bremszeit in s
a	Bremsverzögerung in $\frac{m}{s^2}$

s_H	Anhalteweg in m
v	Anfangsgeschwindigkeit in $\frac{km}{h}$

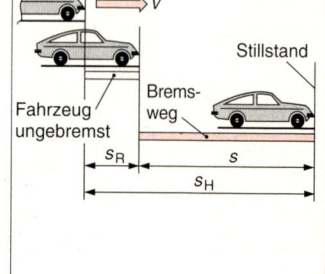

Erkennen der Gefahr

Stillstand

Fahrzeug ungebremst

Bremsweg

s_R s

s_H

Mechanische Kraftübersetzung

$$i_{mec} = \frac{F_P}{F_{HZ}} = \frac{r_2}{r_1}$$

i_{mec}	mechanische Kraftübersetzung
F_P	Fußkraft am Bremspedal in N
F_{HZ}	Kraft an der Hauptzylinder-Kolbenstange in N
r_1	Hebelarm von der Bremspedalplatte zum Drehpunkt in mm
r_2	Hebelarm von der Kolbenstangenachse zum Drehpunkt in mm

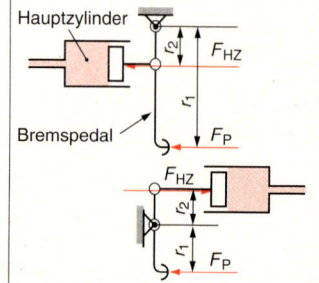

Hauptzylinder

F_{HZ}

Bremspedal

F_P

FAHRWERK   Bremsen

Hydraulische Kraftübersetzung

$$i_{hyd} = \frac{A_{HZ}}{A_{RZges}}$$

$$i_{hyd} = \frac{F_{HZ}}{F_{RZges}}$$

i_{hyd}	hydraulische Kraft-übersetzung	
A_{HZ}	Fläche des Haupt-zylinderkolbens	in cm²
A_{RZges}	Summe der Rad-zylinderkolbenflä-chen einer Achse	in cm²
F_{HZ}	Betätigungskraft des Hauptzylinderkolbens	in N
F_{RZges}	Summe der Spann-kräfte an den Rad-zylinderkolbenflä-chen einer Achse	in N

Flüssigkeitsdruck

$$p = \frac{F_{HZ}}{A_{HZ}}$$

mit Bremskraftverstärker

$$p = \frac{F_{HZV}}{A_{HZ}}$$

p	Flüssigkeitsdruck	in $\frac{N}{cm^2}$
F_{HZ}	Betätigungskraft des Hauptzylinderkolbens	in N
A_{HZ}	Fläche des Haupt-zylinderkolbens	in cm²
F_{HZV}	verstärkte Kolben-stangenkraft	in N

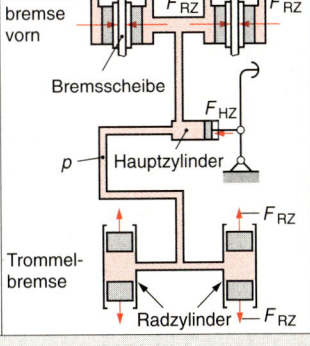

Scheiben-bremse vorn

Bremsscheibe

F_{HZ}

p Hauptzylinder

Trommel-bremse

Radzylinder

Spannkraft

$$F_{RZ} = \frac{F_{HZ} \cdot A_{RZ}}{A_{HZ}}$$

F_{RZ}	Spannkraft am Rad-zylinderkolben	in N
A_{RZ}	Fläche des Radzylin-derkolbens	in cm²
F_{HZ}	Betätigungskraft des Hauptzylinderkolbens	in N
A_{HZ}	Fläche des Hauptzylin-derkolbens	in cm²

Pneumatische Verstärkung der Kolbenstangenkraft

$$F_V = (p_{amb} - p_{abs}) \cdot A_V$$

$$F_{HZV} = F_{HZ} + F_V$$

$$i_{pn} = \frac{F_{HZ}}{F_{HZV}}$$

F_V	Verstärkerkraft	in N
p_{amb}	Luftdruck	in $\frac{N}{cm^2}$
p_{abs}	absoluter Druck in der Unterdruckkammer	in $\frac{N}{cm^2}$
A_V	Fläche des Verstärker-kolbens	in cm²
F_{HZV}	verstärkte Kolben-stangenkraft	in N
F_{HZ}	Kolbenstangenkraft	in N
i_{pn}	pneumatische Übersetzung des Bremskraftverstärkers	

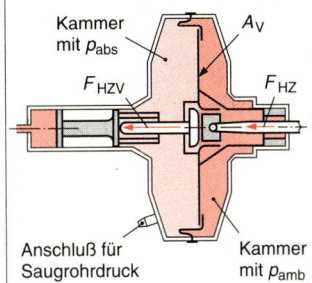

Kammer mit p_{abs} A_V

F_{HZV} F_{HZ}

Anschluß für Saugrohrdruck

Kammer mit p_{amb}

FAHRWERK   Bremsen

Gesamtumfangskraft

$$F_U = C \cdot F_{RZ}$$

F_U Gesamtumfangskraft an der Bremsscheibe bzw. -trommel   in N

C Bremsenkennwert

F_{RZ} Spannkraft eines Brems- bzw. Radzylinderkolbens   in N

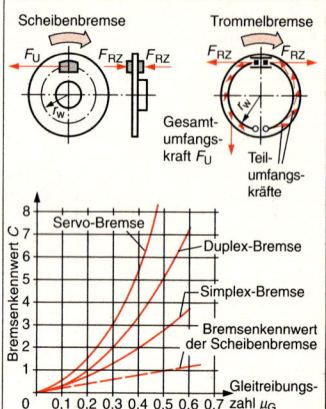

Bremsmoment

$$M_B = F_B \cdot r_{dyn}$$

$$M_B = F_U \cdot r_w$$

$$F_B \cdot r_{dyn} = F_U \cdot r_w$$

M_B Bremsmoment am Rad   in Nm

F_B Bremskraft am Rad   in N

r_{dyn} dynamischer Halbmesser   in m

F_U Gesamtumfangskraft   in N

r_w wirksamer Radius   in m

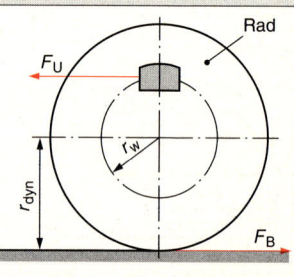

ELEKTRISCHE ANLAGE   Grundlagen

Elektrische Stromstärke und Ladungsmenge

$$Q = I \cdot t$$

Q Ladungsmenge   in As

I Stromstärke   in A

t Zeit   in s

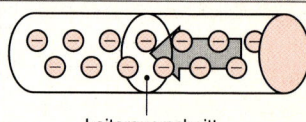

Leiterquerschnitt

Bei einer **Stromstärke von 1 Ampere** fließen **6,25 · 10^18 Elektronen pro Sekunde** durch den **Leiterquerschnitt.**

Ohmsches Gesetz

$$R = \frac{U}{I}$$

R elektrischer Widerstand   in Ω

U elektrische Spannung   in V

I elektrische Stromstärke   in A

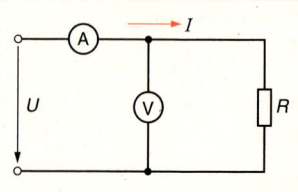

ELEKTRISCHE ANLAGE Grundlagen

Elektrischer Widerstand drahtförmiger Leiter

$$R = \frac{\varrho \cdot l}{q}$$

R elektrischer Widerstand   in Ω

ϱ spezifischer elektrischer Widerstand   in $\dfrac{\Omega \cdot mm^2}{m}$

l Länge des Leiters   in m

q Querschnittsfläche des Leiters   in mm^2

Spezifische Widerstände einiger Leiterwerkstoffe in $\dfrac{\Omega \cdot mm^2}{m}$ bei 20°C

Silber	0,016	Aluminium	0,028
Kupfer	0,018	Zink	0,06
Gold	0,022	Cu-Zn-Leg.	0,07
Eisen	0,1	CuNi44	0,49
Kohle	66,667	(Konstantan)	

Reihenschaltung von Widerständen

$$I_g = I_1 = I_2 = I_3$$

$$U_g = U_1 + U_2 + U_3$$

$$R_g = R_1 + R_2 + R_3$$

$$I_g = \frac{U_g}{R_g} = \frac{U_1}{R_1} = \frac{U_2}{R_2} = \frac{U_3}{R_3}$$

$$\frac{U_1}{R_1} = \frac{U_2}{R_2} = \frac{U_3}{R_3}$$

I_g Gesamtstrom   in A
I_1, I_2, I_3 Teilströme   in A
U_g Gesamtspannung   in V
U_1, U_2, U_3 Teilspannungen   in V
R_g Gesamtwiderstand   in Ω
R_1, R_2, R_3 Einzelwiderstände   in Ω

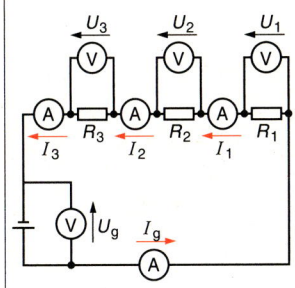

Parallelschaltung von Widerständen

$$I_g = I_1 + I_2 + I_3$$

$$U_g = U_1 = U_2 = U_3$$

$$\frac{I_1}{I_2} = \frac{R_2}{R_1}$$

$$\frac{1}{R_g} = \frac{1}{R_1} + \frac{1}{R_2} + \frac{1}{R_3}$$

Für 2 Widerstände gilt:

$$R_g = \frac{R_1 \cdot R_2}{R_2 + R_1}$$

I_g Gesamtstrom   in A
I_1, I_2, I_3 Teilströme   in A
U_g Gesamtspannung   in V
U_1, U_2, U_3 Teilspannungen   in V
R_1, R_2, R_3 Teilwiderstände   in Ω

R_g Gesamtwiderstand   in Ω

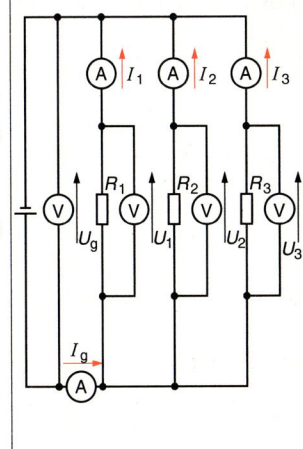

ELEKTRISCHE ANLAGE Grundlagen

Elektrische Arbeit

$$W = U \cdot Q$$

$$W = U \cdot I \cdot t$$

W	elektrische Arbeit	in Ws
U	Spannung	in V
Q	Ladungsmenge	in As
I	Stromstärke	in A
t	Zeit	in s

Elektrische Leistung

$$P = \frac{W}{t}$$

$$P = U \cdot I$$

$$P = R \cdot I^2$$

$$P = \frac{U^2}{R}$$

P	elektrische Leistung	in W
W	elektrische Arbeit	in Ws
t	Zeit	in s
U	Spannung	in V
I	Stromstärke	in A
R	Widerstand	in Ω

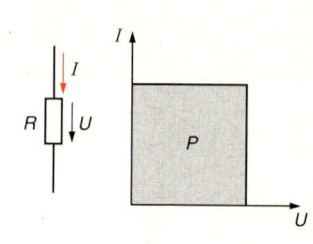

Leitungsberechnung

Stromstärke

$$I = \frac{P}{U_N}$$

$$I = \frac{U_N}{R}$$

I	Stromstärke	in A
P	elektrische Leistung des Verbrauchers	in W
U_N	Nennspannung	in V
R	Widerstand des Verbrauchers	in Ω

Stromdichte

$$J = \frac{I}{q}$$

J	Stromdichte	in $\frac{A}{mm^2}$
I	Stromstärke	in A
q	Querschnittsfläche des Leiters	in mm^2

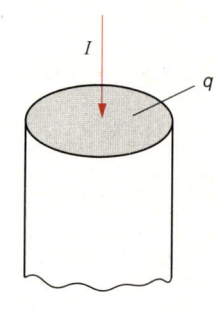

Leiterquerschnitt

$$q = \frac{I \cdot \varrho \cdot l}{U_v}$$

q	Leiterquerschnitt	in mm^2
I	Stromstärke	in A
ϱ	spezifischer elektrischer Widerstand	in $\frac{\Omega \cdot mm^2}{m}$
l	Leitungslänge	in m
U_v	zulässiger Spannungsfall	in V

Spannungsfall

$$U_v = R \cdot I$$

U_v	Spannungsfall, Spannungsverlust	in V
R	Widerstand	in Ω
I	Stromstärke	in A

ELEKTRISCHE ANLAGE   Kraftfahrzeugbatterie

Kapazität

$K = I \cdot t$	K	Kapazität	in Ah
	I	Stromstärke	in A
	t	Zeit	in h

Innenwiderstand

$R_i = \dfrac{U_i}{I}$	R_i	Innenwiderstand	in Ω
	U_i	Spannungsfall am Innenwiderstand	in V
	I	Stromstärke	in A
$R_i = \dfrac{U_0 - U_{Kl}}{I}$	U_0	Leerlaufspannung	in V
	U_{Kl}	Klemmenspannung	in V

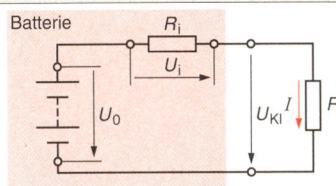

Reihenschaltung

$U_{0g} = U_{01} + U_{02}$	U_{0g}	Gesamtleerlaufspannung	in V
	U_{01}, U_{02}	Einzelleerlaufspannungen	in V

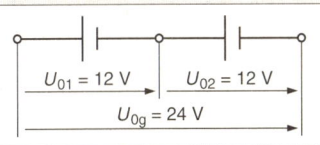

Parallelschaltung

$K_g = K_1 + K_2$	K_g	Gesamtkapazität	in Ah
	K_1, K_2	Einzelkapazitäten	in Ah

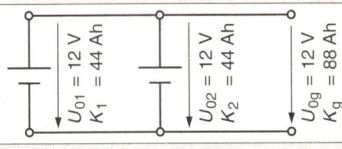

Wirkungsgrad

Amperestunden-Wirkungsgrad

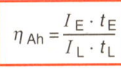

$\eta_{Ah} = \dfrac{K_E}{K_L}$	η_{Ah}	Amperestunden-Wirkungsgrad	
	K_E	Entladekapazität	in Ah
	K_L	Ladekapazität	in Ah
$\eta_{Ah} = \dfrac{I_E \cdot t_E}{I_L \cdot t_L}$	I_E	Entladestromstärke	in A
	I_L	Ladestromstärke	in A
	t_E	Entladezeit	in h
	t_L	Ladezeit	in h

Wattstunden-Wirkungsgrad

$\eta_{Wh} = \dfrac{W_E}{W_L}$	η_{Wh}	Wattstunden-Wirkungsgrad	
	W_E	Entladeenergie	in Wh
	W_L	Ladeenergie	in Wh
$\eta_{Wh} = \dfrac{U_E \cdot I_E \cdot t_E}{U_L \cdot I_L \cdot t_L}$	U_E	Entladespannung	in V
	I_E	Entladestromstärke	in A
	t_E	Entladezeit	in h
	U_L	Ladespannung	in V
	I_L	Ladestromstärke	in A
	t_L	Ladezeit	in h

ELEKTRISCHE ANLAGE   Generator

Effektivwerte

$$U_\text{eff} = \frac{u_\text{max}}{\sqrt{2}}$$

$$I_\text{eff} = \frac{i_\text{max}}{\sqrt{2}}$$

U_eff	Effektivwert der Spannung	in V
u_max	Maximalwert der Spannung	in V
I_eff	Effektivwert der Stromstärke	in A
i_max	Maximalwert der Stromstärke	in A

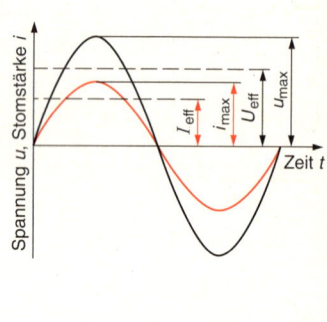

Wechselstromleistung

$$P = \frac{u_\text{max} \cdot i_\text{max}}{2}$$

$$P = U_\text{eff} \cdot I_\text{eff}$$

P	Leistung	in W
u_max	Maximalwert der Spannung	in V
i_max	Maximalwert der Stromstärke	in A
U_eff	Effektivwert der Spannung	in V
I_eff	Effektivwert der Stromstärke	in A

Frequenz

$$f = \frac{n_\text{s}}{t}$$

$$f = \frac{p \cdot n}{60}$$

f	Frequenz	in $\frac{1}{s}$, Hz
n_s	Anzahl der Schwingungen	
t	Zeit	in s
p	Polpaarzahl	
n	Drehzahl	in $\frac{1}{min}$

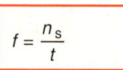

Periodendauer

$$T = \frac{1}{f}$$

T	Periodendauer	in s
f	Frequenz	in $\frac{1}{s}$

Sternschaltung

$$U = U_\text{Str} \cdot \sqrt{3}$$

$$I = I_\text{Str}$$

U	Leiterspannung	in V
U_Str	Strangspannung	in V
I	Leiterstromstärke	in A
I_Str	Strangstromstärke	in A

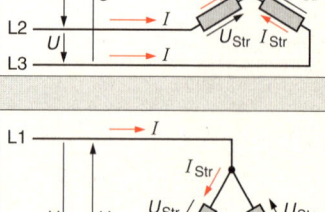

Dreieckschaltung

$$I = I_\text{Str} \cdot \sqrt{3}$$

$$U = U_\text{Str}$$

Leistungsaufnahme

$$P_\Delta = 3 \cdot P_\text{Y}$$

I	Leiterstromstärke	in A
I_Str	Strangstromstärke	in A
U	Leiterspannung	in V
U_Str	Strangspannung	in V
P_Δ	Leistungsaufnahme in der Dreieckschaltung	in W
P_Y	Leistungsaufnahme in der Sternschaltung	in W

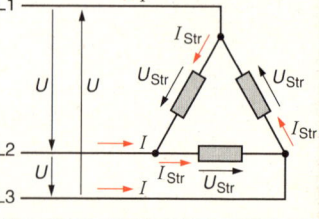

ELEKTRISCHE ANLAGE   Zündanlage

Transformator

$$\frac{U_1}{U_2} = \frac{N_1}{N_2}$$

$$\frac{I_1}{I_2} = \frac{N_2}{N_1}$$

$$i = \frac{N_1}{N_2}$$

$$i = \frac{U_1}{U_2} = \frac{I_2}{I_1}$$

U_1	Primärspannung	in V
U_2	Sekundärspannung	in V
N_1	Primärwindungszahl	
N_2	Sekundärwindungszahl	
I_1	Primärstromstärke	in A
I_2	Sekundärstromstärke	in A
i	Übersetzungsverhältnis	

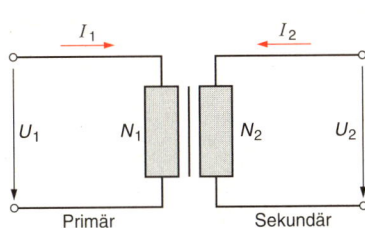

Zündspulen-Vorwiderstand

$$R_v = \frac{U_v}{I_p}$$

$$U_v = U_B - U_p$$

R_v	Vorwiderstand	in Ω
U_v	Spannungsfall am Vorwiderstand	in V
I_p	Primärstromstärke	in A
U_B	Batteriespannung	in V
U_p	Spannungsfall an der Primärwicklung	in V

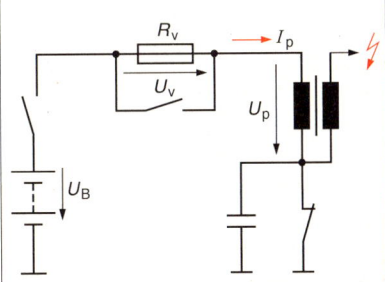

Zündabstand

$$\gamma = \frac{360°}{z}$$

$$\gamma = \alpha + \beta$$

γ	Zündabstand	in °
z	Zylinderzahl	
α	Schließwinkel	in °
β	Öffnungswinkel	in °

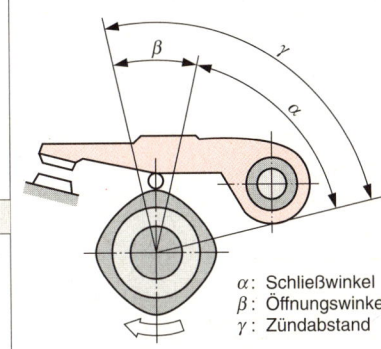

α : Schließwinkel
β : Öffnungswinkel
γ : Zündabstand

Schließwinkel

$$\alpha_\% = \frac{\alpha \cdot z}{3,6}$$

$\alpha_\%$	Schließwinkel	in %
α	Schließwinkel	in °
z	Zylinderzahl	

ELEKTRISCHE ANLAGE Zündanlage

Schließzeit

$$t_s = \frac{\alpha}{6 \cdot n_v}$$

t_s	Schließzeit	in s
α	Schließwinkel	in °
n_v	Verteilerwellendrehzahl	in $\frac{1}{\text{min}}$

Viertaktmotor

$$t_s = \frac{\alpha}{3 \cdot n}$$

t_s	Schließzeit	in s
α	Schließwinkel	in °
n	Motordrehzahl	in $\frac{1}{\text{min}}$

Zweitaktmotor

$$t_s = \frac{\alpha}{6 \cdot n}$$

t_s	Schließzeit	in s
α	Schließwinkel	in °
n	Motordrehzahl	in $\frac{1}{\text{min}}$

Gesamtfunkenzahl

Viertaktmotor

$$f_g = \frac{n \cdot z}{2}$$

f_g	Gesamtfunkenzahl	in $\frac{1}{\text{min}}$
n	Motordrehzahl	in $\frac{1}{\text{min}}$
z	Zylinderzahl	

Zweitaktmotor

$$f_g = n \cdot z$$

f_g	Gesamtfunkenzahl	in $\frac{1}{\text{min}}$
n	Motordrehzahl	in $\frac{1}{\text{min}}$
z	Zylinderzahl	

Zylinder-Funkenzahl

Viertaktmotor

$$f_z = \frac{n}{2 \cdot 60}$$

f_z	Zylinder-Funkenzahl	in $\frac{1}{\text{s}}$
n	Motordrehzahl	in $\frac{1}{\text{min}}$

Zweitaktmotor

$$f_z = \frac{n}{60}$$

f_z	Zylinder-Funkenzahl	in $\frac{1}{\text{s}}$
n	Motordrehzahl	in $\frac{1}{\text{min}}$

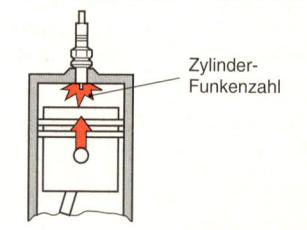

Zylinder-Funkenzahl

Frühzündungszeit

$$t_z = \frac{\alpha_z}{6 \cdot n}$$

t_z	Frühzündungszeit	in s
α_z	Zündverstellwinkel (Frühzündung)	in °KW
n	Motordrehzahl	in $\frac{1}{\text{min}}$

Bogenlänge

$$l_B = \frac{d \cdot \pi \cdot \alpha_z}{360°}$$

l_B	Bogenlänge	in mm
d	Durchmesser	in mm
α_z	Zündverstellwinkel	in °

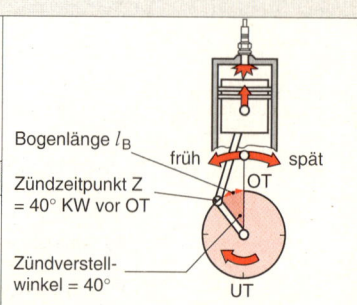

Bogenlänge l_B

früh spät

Zündzeitpunkt Z = 40° KW vor OT

Zündverstellwinkel = 40°

OT

UT

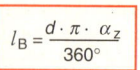

Bruttolohnberechnung

Zeitlohn

$$L_z = l_h \cdot t$$

L_z	Zeitlohn	in DM
l_h	Stundenlohnsatz	in $\dfrac{DM}{h}$
t	Zeitlohn-Stunden	in h

Leistungslohn

$$L_l = l_h \cdot t_l$$

L_l	Leistungslohn	in DM
l_h	Stundenlohnsatz	in $\dfrac{DM}{h}$
t_l	Leistungslohnstunden	in h

$$t_l = \frac{\sum ZE}{100}$$

$\sum ZE$ Summe der Zeiteinheiten

$$t_l = \frac{\sum AW}{12}$$

$\sum AW$ Summe der Arbeitswerte

Lohnzuschläge

$$LZ = \frac{l_h \cdot p}{100\,\%}$$

LZ	Lohnzuschlag	in $\dfrac{DM}{h}$
l_h	Stundenlohnsatz	in $\dfrac{DM}{h}$
p	Zuschlagsprozentwert	in %

Durchschnittslohn

$$LD = \frac{L_{13}}{\sum T_a}$$

LD	Durchschnittslohn	in $\dfrac{DM}{Tag}$
L_{13}	Lohn der letzten 13 Wochen	in DM
$\sum T_a$	Summe der Arbeitstage in den letzten 13 Wochen	in Tagen

Umrechnung:

100 ZE =	1 h =	60 min
1 ZE =	0,01 h =	0,6 min
12 AW =	1 h =	60 min
1 AW =	$\frac{1}{12}$ h =	5 min

Lohnzuschläge erhält der Beschäftigte für Mehr-, Nacht-, Sonntags- und Feiertagsarbeit. Diese betragen für:
- Mehrarbeit 25 %,
- Nacht- und Sonntagsarbeit 50 % und
- Feiertagsarbeit 100 %

Für die **Zeit einer Krankheit** bis zu 6 Wochen bzw. während eines **Urlaubs** erhalten Beschäftigte, die im Zeitlohn arbeiten, ihren normalen Stundenlohn. Beschäftigte, die im Leistungslohn arbeiten, erhalten den Durchschnittslohn der letzten 13 Wochen. Der Durchschnittslohn wird dabei pro Tag berechnet.

Nettolohnberechnung

$$L_N = L_B - L_A$$

L_N	Nettolohn	in DM
L_B	Bruttolohn	in DM
L_A	Lohnabzug	in DM

Lohnabzug

$$L_A = S_L + S_K + S_V$$

L_A	Lohnabzug	in DM
S_L	Lohnsteuer	in DM
S_K	Kirchensteuer	in DM
S_V	Sozialversicherungsbeiträge	in DM

Steuerpflichtiger Lohn

$$L_S = L_B - L_{Sf} - L_F$$

L_S	steuerpflichtiger Lohn	in DM
L_B	Bruttolohn	in DM
L_{Sf}	steuerfreier Lohn	in DM
L_F	Freibetrag	in DM

Summe der Sozialversicherungsbeiträge

$$S_V = R_V + K_V + A_V + P_V$$

S_V	Summe der Sozialversicherungsbeiträge	in DM
R_V	Rentenversicherungsbeitrag	in DM
K_V	Krankenversicherungsbeitrag	in DM
A_V	Arbeitslosenversicherungsbeitrag	in DM
P_V	Pflegeversicherungsbeitrag	in DM

Zum Bruttolohn zählen auch die vermögenswirksamen Leistungen (VL) des Arbeitgebers sowie z.B. das Urlaubs- und Weihnachtsgeld.

Der **Nettolohn** ist der Lohn, den der Beschäftigte ausgezahlt bekommt.

Zum **steuerfreien Lohn** zählen Teile der Zuschläge für Nacht-, Sonntags- und Feiertagsarbeit sowie die staatliche Sparzulage auf die vermögenswirksame Leistung des Beschäftigten.

Die **Sozialversicherungsbeiträge** werden bei einem **Bruttomonatslohn** L_B von mehr als 610,00 DM (1991) je zur Hälfte vom Beschäftigten und vom Arbeitgeber getragen. Bis zu einer Höhe von 610,00 DM trägt der Arbeitgeber die Beiträge allein.

KAUFMÄNNISCHES RECHNEN   Kalkulation

Kalkulation mit dem Gemeinkostenzuschlag

Gemeinkostenzuschlag in Prozent

$$G_{zp} = \frac{\sum G_k \cdot 100\ \%}{\sum L_k}$$

G_{zp}	Gemeinkostenzuschlag	in %
$\sum G_k$	Summe der Gemein-kosten	in DM
$\sum L_k$	Summe der Lohn-kosten	in DM

Gemeinkostenzuschlag in DM

$$G_z = L_k \cdot \frac{G_{zp}}{100\ \%}$$

G_z	Gemeinkostenzuschlag	in DM
L_k	Lohnkosten für den Auftrag	in DM
G_{zp}	Gemeinkostenzuschlag	in %

Gesamtkosten

$$K_g = L_k + M_k + G_z$$

K_g	Gesamtkosten	in DM
L_k	Lohnkosten	in DM
M_k	Materialkosten	in DM
G_z	Gemeinkostenzuschlag	in DM

Rechnungsbetrag

$$RB = K_g + MWST$$

RB	Rechnungsbetrag	in DM
K_g	Gesamtkosten	in DM
MWST	Mehrwertsteuer	in DM

Kalkulation mit dem Stundenverrechnungssatz

Kostenindex

$$KI = \frac{\sum L_k + \sum G_k}{\sum L_k}$$

KI	Kostenindex	
$\sum L_k$	Summe der Lohnkosten	in DM
$\sum G_k$	Summe der Gemeinkosten	in DM

Stundenverrech-nungssatz

$$SVS = WDL \cdot KI$$

SVS	Stundenverrechnungssatz	in $\dfrac{DM}{h}$
WDL	Werkstattdurchschnittslohn	in $\dfrac{DM}{h}$
KI	Kostenindex	

Gesamtkosten

$$K_g = SVS \cdot t_a + M_k$$

K_g	Gesamtkosten	in DM
SVS	Stundenverrechnungssatz	in $\dfrac{DM}{h}$
t_a	Arbeitszeit	in h
M_k	Materialkosten	in DM

Der **Stundenverrechnungssatz** gibt an, wieviel DM dem Kunden für eine Arbeitsstunde in Rechnung gestellt werden.

Kalkulation mit dem Arbeitswertverrechnungssatz

Arbeitswertverrech-nungssatz

$$AWVS = \frac{WDL \cdot KI}{WF}$$

$AWVS$	Arbeitswertverrechnungs-satz	in $\dfrac{DM}{AW}$
WDL	Werkstattdurchschnittslohn	in $\dfrac{DM}{h}$
KI	Kostenindex	
WF	Werkstattfaktor	in $\dfrac{AW}{h}$

Gesamtkosten

$$K_g = AWVS \cdot AWV + M_k$$

K_g	Gesamtkosten	in DM
$AWVS$	Arbeitswertverrechnungs-satz	in $\dfrac{DM}{AW}$
AWV	Arbeitswertvorgabe	in AW
M_k	Materialkosten	in DM

Der **Arbeitswertverrechnungssatz** gibt an, wieviel DM dem Kunden für einen Arbeitswert in Rechnung gestellt werden.

Der **Werkstattfaktor** ist je nach Ausstattung und Organisation des Arbeitsablaufs in den Werkstätten unterschiedlich. Er liegt meistens bei 10 oder 12 Arbeitswerten pro Stunde.

KAUFMÄNNISCHES RECHNEN   Kraftfahrzeugkosten

Feste Kosten für ein Jahr

$$K_f = KWV + KZ + KS + KV + KG$$

K_f	feste Kosten	in $\dfrac{DM}{Jahr}$
KWV	Wertverlustkosten	in $\dfrac{DM}{Jahr}$
KZ	Zinskosten	in $\dfrac{DM}{Jahr}$
KS	Steuerkosten	in $\dfrac{DM}{Jahr}$
KV	Versicherungs-kosten	in $\dfrac{DM}{Jahr}$
KG	Garagenkosten	in $\dfrac{DM}{Jahr}$

Die **festen Kosten** K_f eines Kraftfahrzeugs sind von der Anzahl der gefahrenen Kilometer im Jahr **unabhängig**.

Wertverlustkosten für ein Jahr

$$KWV = \frac{AP - KR}{2 \cdot t_n}$$

KWV	Wertverlustkosten	in $\dfrac{DM}{Jahr}$
AP	Anschaffungspreis	in DM
KR	Reifenkosten	in DM
t_n	Nutzungszeit	in Jahren

Zinskosten für ein Jahr

$$KZ = \frac{AP \cdot p}{2 \cdot 100\,\%}$$

KZ	Zinskosten	in $\dfrac{DM}{Jahr}$
AP	Anschaffungspreis	in DM
p	Zinssatz	in $\dfrac{\%}{Jahr}$

Veränderliche Kosten für 100 km Fahrstrecke

$$K_{v100} = KWV_{100} + KR_{100} + KSK_{100} + KRW_{100}$$

K_{v100}	veränderliche Kosten	in DM für 100 km
KWV_{100}	Wertverlust-kosten	in DM für 100 km
KR_{100}	Reifenkosten	in DM für 100 km
KSK_{100}	Schmier- und Kraftstoffkosten	in DM für 100 km
KRW_{100}	Reparatur- und Wartungskosten	in DM für 100 km

Die **veränderlichen Kosten** eines Kraftfahrzeugs sind von der Zahl der gefahrenen Kilometer im Jahr **abhängig**.

Die **veränderlichen Kosten** werden für **100 Kilometer Fahrstrecke** berechnet.

Wertverlustkosten für 100 km

$$KWV_{100} = \frac{(AP - KR) \cdot 100\ km}{2 \cdot G_{km}}$$

KWV_{100}	Wertverlustkosten	in DM für 100 km
AP	Anschaffungspreis	in DM
KR	Reifenkosten	in DM
G_{km}	Gesamtkilometer während der Nutzungszeit	in km

Reifenkosten für 100 km

$$KR_{100} = \frac{KR \cdot 100\ km}{R_l}$$

KR_{100}	Reifenkosten	in DM für 100 km
KR	Reifenkosten	in DM
R_l	Reifenlebensdauer	in km

Veränderliche Kosten für ein Jahr

$$K_v = \frac{K_{v100} \cdot J_{km}}{100\ km}$$

K_v	veränderliche Kosten	in $\dfrac{DM}{Jahr}$
K_{v100}	veränderliche Kosten	in DM für 100 km
J_{km}	Jahreskilometer	in $\dfrac{km}{Jahr}$

Gesamtkraftfahrzeugkosten für ein Jahr

$$K_g = K_f + K_v$$

K_g	Gesamtkraftfahrzeugkosten	in $\dfrac{DM}{Jahr}$
K_f	feste Kosten	in $\dfrac{DM}{Jahr}$
K_v	veränderliche Kosten	in $\dfrac{DM}{Jahr}$

Kraftfahrzeugkilometerkosten für 1 km Fahrstrecke

$$K_{km} = \frac{K_g}{J_{km}}$$

K_{km}	Kraftfahrzeugkilometerkosten	in $\dfrac{DM}{km}$
K_g	Gesamtkraftfahrzeugkosten	in $\dfrac{DM}{Jahr}$
J_{km}	Jahreskilometer	in $\dfrac{km}{Jahr}$

Sachwortverzeichnis